今すぐ使えるかんたんmini

Imasugu Tsukaeru Kantan mini Series

パソコンで困ったときの解決&便利技

ウィンドウズ10対応　改訂2版

技術評論社

本書の使い方

- 画面の手順解説だけを読めば、操作できるようになる！
- もっと詳しく知りたい人は、補足説明を読んで納得！
- これだけは覚えておきたい機能を厳選して紹介！

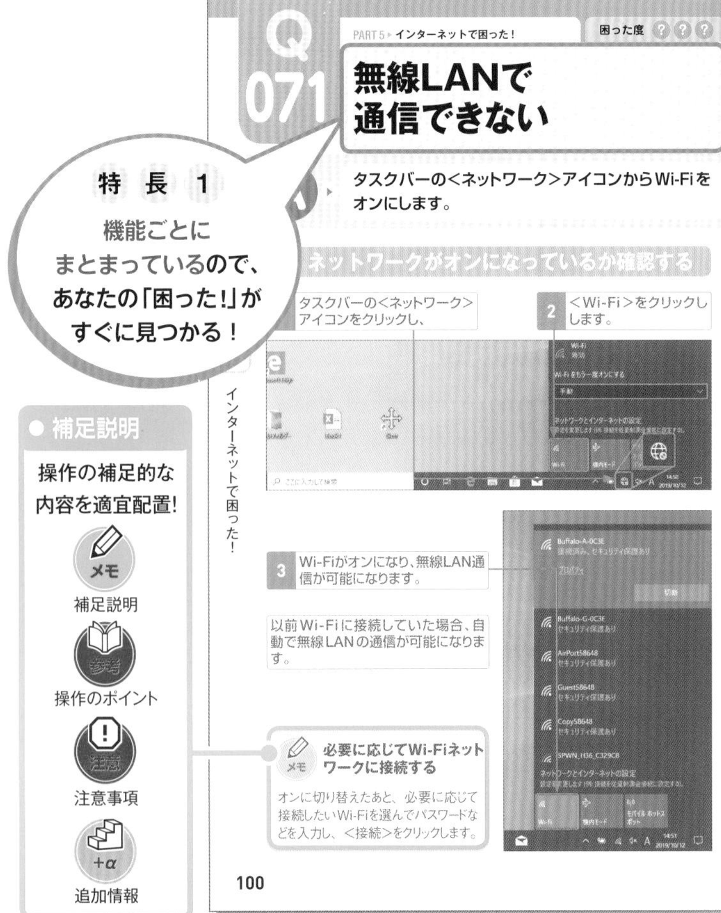

特　長　2

やわらかい上質な紙を
使っているので、
開いたら閉じにくい！

● 基本操作

赤い矢印の部分だけを読んで、
パソコンを操作すれば、
難しいことはわからなくても、
あっという間に操作できる！

PART 5 ▸ インターネットで困った！　困った度

Q 072

URLはどこに入力するの？

A ▸ Edgeの画面上部にあるアドレスバー／検索ボックスにURLを入力しましょう。

1 アドレスバーにURLを入力する

ここでは、Microsoft Edge（起動方法は P.102を参照）を利用してYahoo!JAPANのWebサイトを表示する例を解説します。

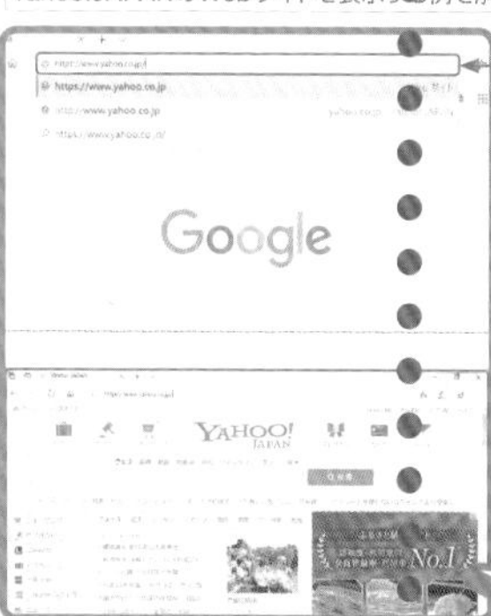

1 アドレスバー／検索ボックスにURL（https://www.yahoo.co.jp/）を入力し、

2 キーボードの Enter キーを押すと、

3 Webページに直接アクセスできます。

PART 5 インターネットで困った！

メモ IEとEdgeの違い

ウィンドウズ10では、標準Webブラウザが「Internet Explorer（以下、IE）」から「Microsoft Edge（以下、Edge）」に変更されました。IEではアドレスバーと検索ボックスが分離していましたが、Edgeでは統合されています。URLを入力すれば直接Webページにアクセスでき、検索ワードを入力すれば検索結果が表示されます。

101

特　長　3

大きな操作画面で
該当箇所を
囲んでいるので
よくわかる！

パソコンの基本操作

- 本書の解説は、基本的にマウスを使って操作することを前提としています。
- お使いのパソコンのタッチパッド、タッチ対応モニターを使って操作する場合は、各操作を次のように読み替えてください。

1 マウス操作

▼ クリック（左クリック）

クリック（左クリック）の操作は、画面上にある要素やメニューの項目を選択したり、ボタンを押したりする際に使います。

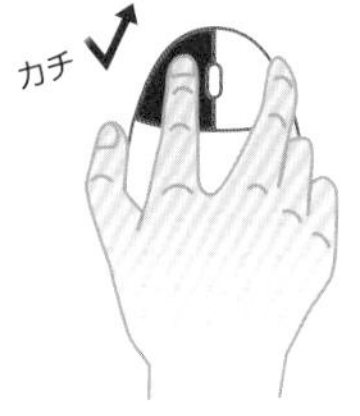

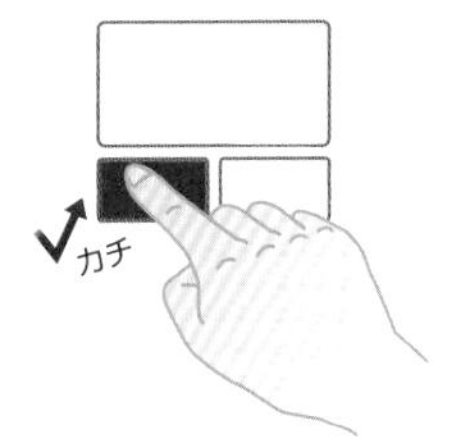

マウスの左ボタンを1回押します。

タッチパッドの左ボタン（機種によっては左下の領域）を1回押します。

▼ 右クリック

右クリックの操作は、操作対象に関する特別なメニューを表示する場合などに使います。

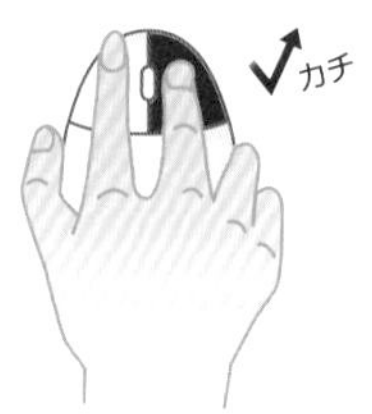

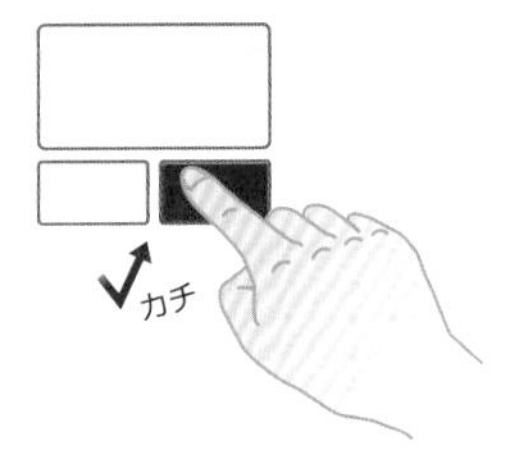

マウスの右ボタンを1回押します。

タッチパッドの右ボタン（機種によっては右下の領域）を1回押します。

▼ダブルクリック

ダブルクリックの操作は、各種アプリを起動したり、ファイルやフォルダーなどを開く際に使います。

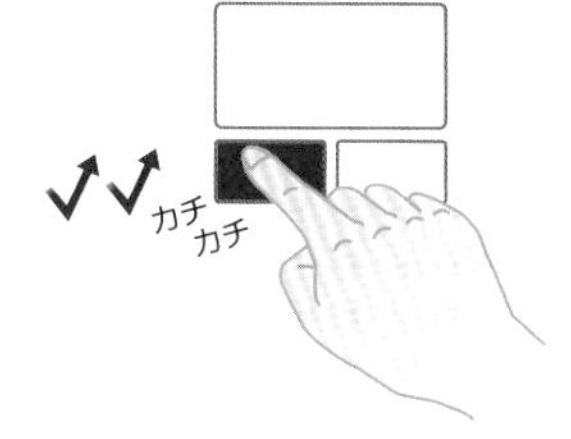

マウスの左ボタンをすばやく2回押します。

タッチパッドの左ボタン(機種によっては左下の領域)をすばやく2回押します。

▼ドラッグ

ドラッグの操作は、画面上の操作対象を別の場所に移動したり、操作対象のサイズを変更する際などに使います。

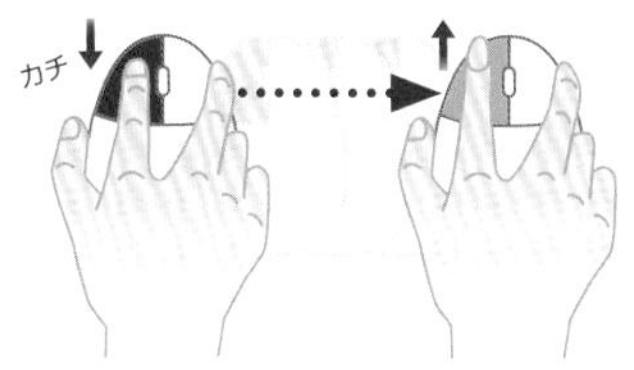

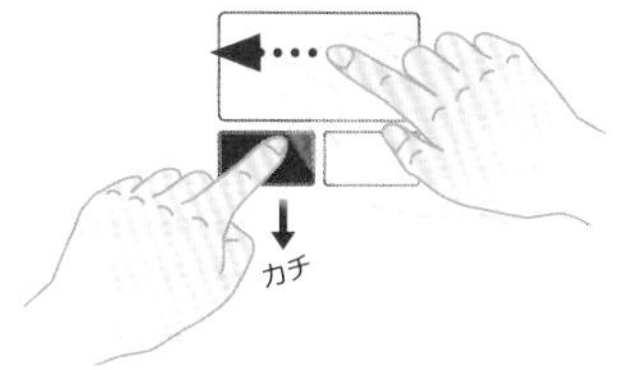

マウスの左ボタンを押したまま、マウスを動かします。目的の操作が完了したら、左ボタンから指を離します。

タッチパッドの左ボタン(機種によっては左下の領域)を押したまま、タッチパッドを指でなぞります。目的の操作が完了したら、左ボタンから指を離します。

ホイールの使い方

ほとんどのマウスには、左ボタンと右ボタンの間にホイールが付いています。ホイールを上下に回転させると、Webページなどの画面を上下にスクロールすることができます。そのほかにも、Ctrlキーを押しながらホイールを回転させると、画面を拡大/縮小したり、フォルダーのアイコンの大きさを変えたりできます。

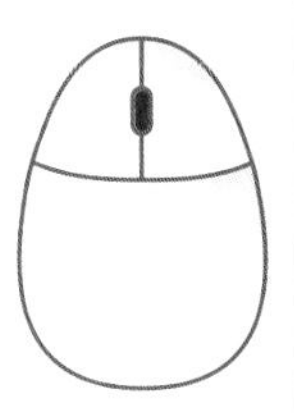

2 利用する主なキー

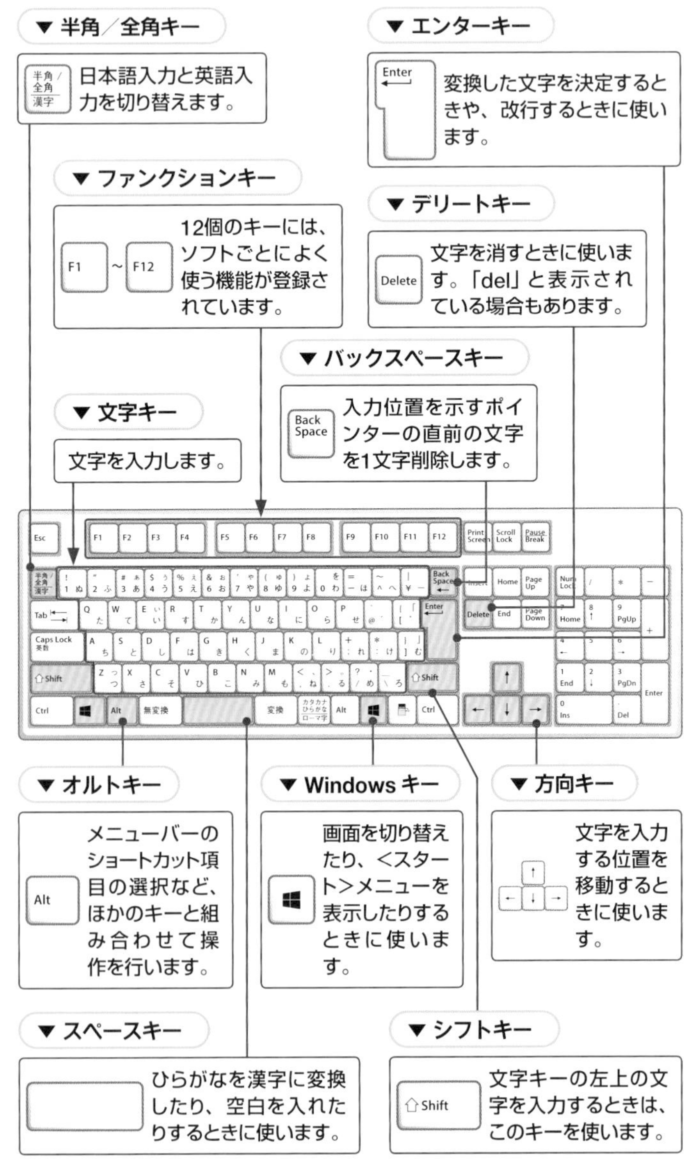

▼ 半角／全角キー
半角／全角 漢字
日本語入力と英語入力を切り替えます。
▼ エンターキー
Enter
変換した文字を決定するときや、改行するときに使います。
▼ ファンクションキー
F1 ～ F12
12個のキーには、ソフトごとによく使う機能が登録されています。
▼ デリートキー
Delete
文字を消すときに使います。「del」と表示されている場合もあります。
▼ バックスペースキー
Back Space
入力位置を示すポインターの直前の文字を1文字削除します。
▼ 文字キー
文字を入力します。
▼ オルトキー
Alt
メニューバーのショートカット項目の選択など、ほかのキーと組み合わせて操作を行います。
▼ Windows キー
画面を切り替えたり、<スタート>メニューを表示したりするときに使います。
▼ 方向キー
文字を入力する位置を移動するときに使います。
▼ スペースキー
ひらがなを漢字に変換したり、空白を入れたりするときに使います。
▼ シフトキー
Shift
文字キーの左上の文字を入力するときは、このキーを使います。

3 タッチ操作

▼ タップ

画面に触れてすぐ離す操作です。ファイルなど何かを選択するときや、決定を行う場合に使用します。マウスでのクリックに当たります。

▼ ダブルタップ

タップを2回繰り返す操作です。各種アプリを起動したり、ファイルやフォルダーなどを開く際に使用します。マウスでのダブルクリックに当たります。

▼ ホールド

画面に触れたまま長押しする操作です。詳細情報を表示するほか、状況に応じたメニューが開きます。マウスでの右クリックに当たります。

▼ ドラッグ

操作対象をホールドしたまま、画面の上を指でなぞり上下左右に移動します。目的の操作が完了したら、画面から指を離します。

▼ スワイプ／スライド

画面の上を指でなぞる操作です。ページのスクロールなどで使用します。

▼ フリック

画面を指で軽く払う操作です。スワイプと混同しやすいので注意しましょう。

▼ ピンチ／ストレッチ

2本の指で対象に触れたまま指を広げたり狭めたりする操作です。拡大（ストレッチ）／縮小（ピンチ）が行えます。

▼ 回転

2本の指先を対象の上に置き、そのまま両方の指で同時に右または左方向に回転させる操作です。

Contents

PART 1 パソコンの基本操作で困った!

PART 2 デスクトップの操作で困った!

PART 3 ファイルとフォルダーで困った!

PART 4 マウス・キーボード・文字入力で困った!

PART 5 インターネットで困った!

PART 6 メールで困った!

PART 7 写真・動画・音楽で困った!

PART 8 ワードの操作で困った!

PART 9 エクセルの操作で困った!

PART 10 印刷で困った!

PART 11 USBメモリー・CD/DVDで困った!

付録 エラー・警告で困った!

ご注意：ご購入・ご利用の前に必ずお読みください

- 本書に記載された内容は、情報の提供のみを目的としています。したがって、本書を用いた運用は、必ずお客様自身の責任と判断によって行ってください。これらの情報の運用の結果について、技術評論社および著者はいかなる責任も負いません。
- 本書は、Windows 10、Microsoft Edge、Excel/Word 2019を使用する場合を例に解説しています。
- ソフトウェアに関する記述は、特に断りのないかぎり、2019年11月末日現在での最新バージョンをもとにしています。ソフトウェアはバージョンアップされる場合があり、本書での説明とは機能内容や画面図などが異なってしまうこともあり得ます。あらかじめご了承ください。
- インターネットの情報についてはURLや画面等が変更されている可能性があります。ご注意ください。

以上の注意事項をご承諾いただいた上で、本書をご利用願います。これらの注意事項をお読みいただかずに、お問い合わせいただいても、技術評論社は対処しかねます。あらかじめ、ご承知おきください。

PART

1

パソコンの基本操作で困った!

パソコンが起動しない

まずはパソコンが起動しなくなった状況を確認し、最適な対策方法を取りましょう。

1 どのような状況かを確認する

一口にパソコンの故障といっても、その現象はさまざまです。主な現象としては、下記の４つがあげられます。

電源を入れても画面が真っ黒のままで、ウィンドウズが起動しない（→P.17①参照）。

電源を入れたあと、起動中に止まったままの状態になる〔→一度電源を切ってあらためて起動する（P.17②参照）〕。

```
Network boot from AMD Am79C970A
Copyright (C) 2003-2005  VMware, Inc.
Copyright (C) 1997-2000  Intel Corporation

CLIENT MAC ADDR: 00 0C 29 33 AC 97  GUID: 564D5EA2-6540-
PXE-E51: No DHCP or proxyDHCP offers were received.

PXE-M0F: Exiting Intel PXE ROM.
Operating System not found
```

電源を入れると、真っ黒な画面に英語のメッセージが表示される〔→しばらく待って起動しない場合は一度電源を切ってあらためて起動する（P.17②参照）〕。

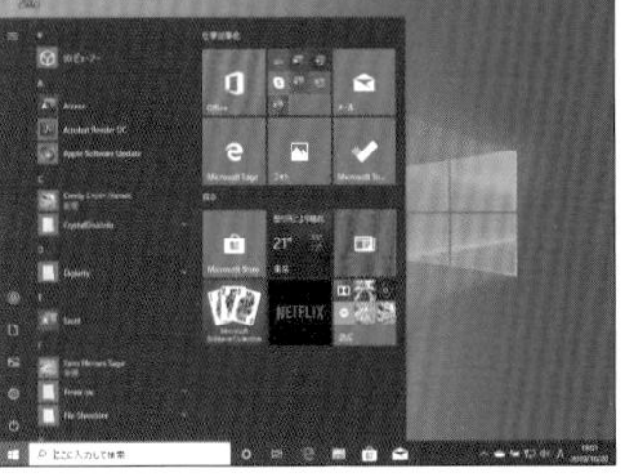

パソコンの操作中に画面が固まり、アプリが動かなくなる〔→タスクマネージャーを起動する（Sec.20参照）〕。

2 起動しなくなったときの対策方法

①電源ケーブル類を確認

1 電源ケーブルが正しく接続されているかどうかを確認します。

2 パソコンの背面にメインの電源スイッチがある場合は、このスイッチが入っていることを確認します。

3 ディスプレイの電源が入っているのに何も表示されない場合は、パソコンとディスプレイの接続を確認します。

②電源ボタンを長押しして強制終了

1 電源ボタンを5秒くらい押し続けます。

2 電源が切れたら、あらためて電源ボタンを押して起動するかどうか確認します。

ノートパソコンの場合は?

ノートパソコンで電源が点かない場合は、ACアダプターがきちんとパソコンに接続されているか確認してみましょう。その状態でもう一度電源を入れなおしてみます。パソコンに内蔵されているバッテリーだけで稼働していて、すぐに画面が消えてしまう場合は、バッテリーの充電不足か、バッテリーの寿命が近づいている可能性があります。

困った度 ？？？

起動時に入力するパスワードがわからない

A ▶ 別のパソコンからマイクロソフトアカウントのサイトにアクセスし、パスワードをリセットします。

1 パスワードをリセットする

Webブラウザーで、マイクロソフトアカウントのパスワード再設定ページ（https://account.live.com/password/reset）にアクセスします。

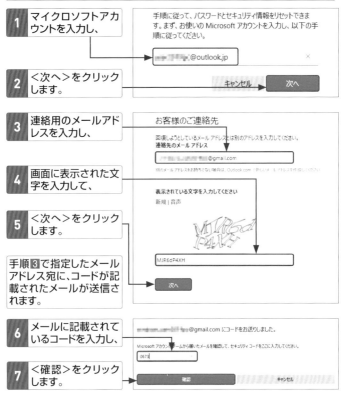

1 マイクロソフトアカウントを入力し、

2 <次へ>をクリックします。

手順に従って、パスワードとセキュリティ情報をリセットできます。まず、お使いの Microsoft アカウントを入力し、以下の手順に従ってください。

@outlook.jp

キャンセル　次へ

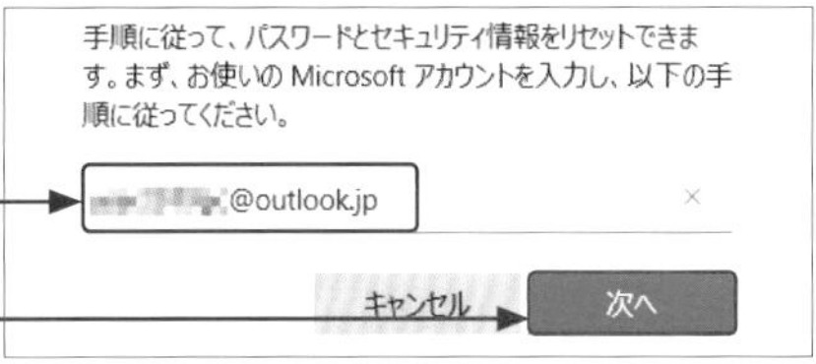

3 連絡用のメールアドレスを入力し、

4 画面に表示された文字を入力して、

5 <次へ>をクリックします。

手順**3**で指定したメールアドレス宛に、コードが記載されたメールが送信されます。

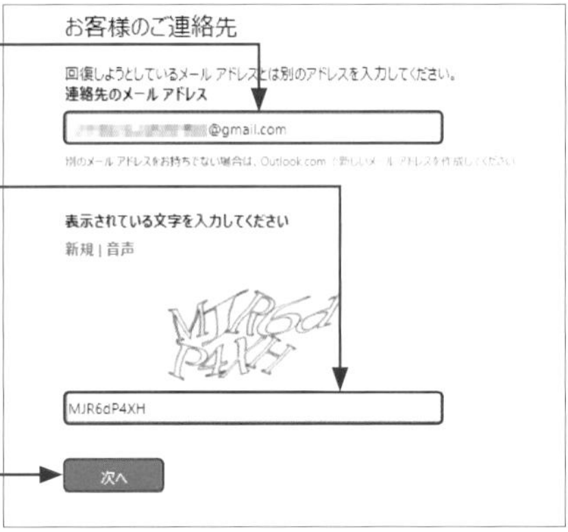

お客様のご連絡先

回復しようとしているメール アドレスとは別のアドレスを入力してください。

連絡先のメール アドレス

@gmail.com

別のメール アドレスをお持ちでない場合は、Outlook.com で新しいメール アドレスを作成してください

表示されている文字を入力してください

新規 | 音声

MJR6dP4XH

次へ

6 メールに記載されているコードを入力し、

7 <確認>をクリックします。

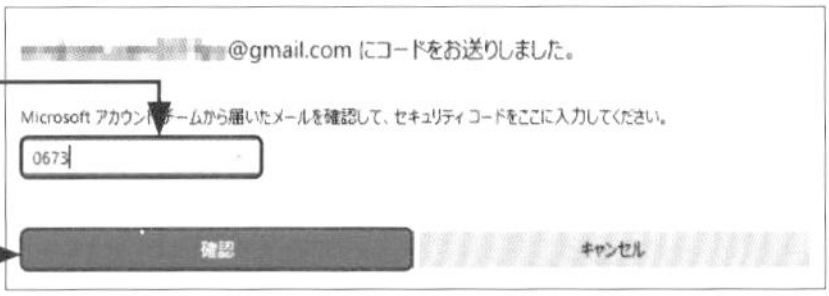

@gmail.com にコードをお送りしました。

Microsoft アカウント チームから届いたメールを確認して、セキュリティ コードをここに入力してください。

0673

確認　キャンセル

姓
技術

名
太郎

生年月日
1995 10月 8日

アカウントを作成した国/地域
日本

都道府県
選択してください。

郵便番号

次へ 戻る

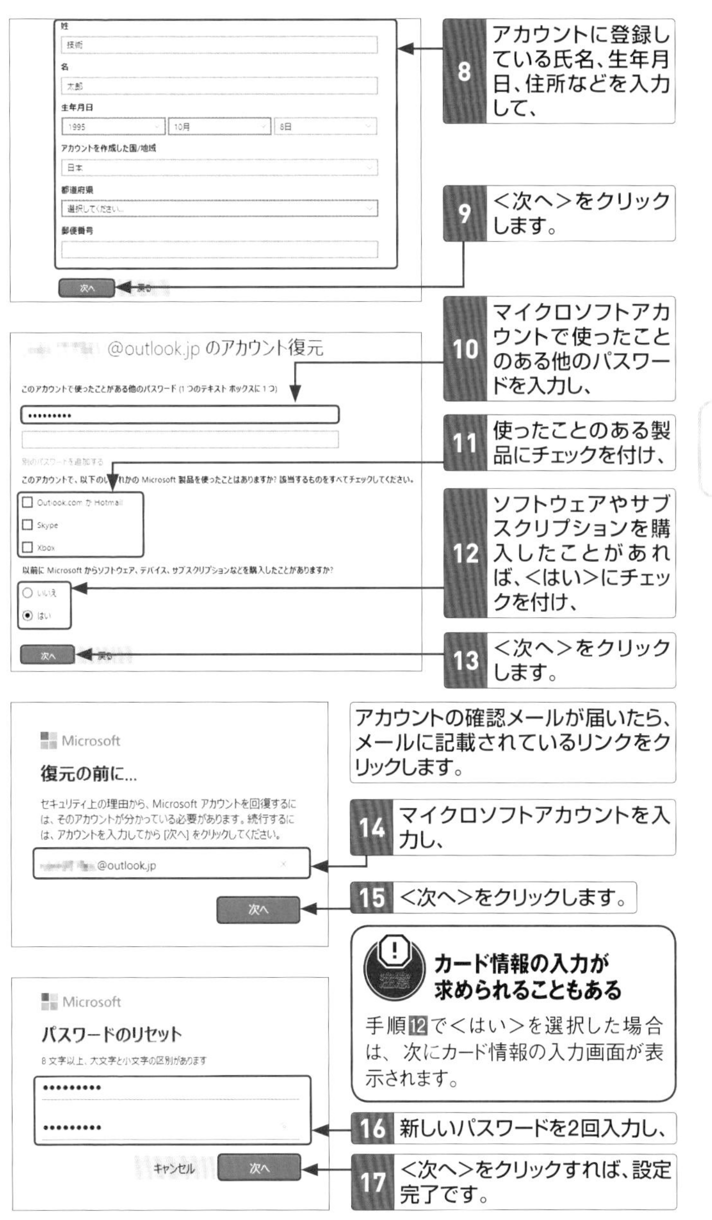

8 アカウントに登録している氏名、生年月日、住所などを入力して、

9 <次へ>をクリックします。

@outlook.jp のアカウント復元

このアカウントで使ったことがある他のパスワード (1 つのテキスト ボックスに 1 つ)

••••••••

別のパスワードを追加する

このアカウントで、以下のいずれかの Microsoft 製品を使ったことはありますか? 該当するものをすべてチェックしてください。

☐ Outlook.com や Hotmail
☐ Skype
☐ Xbox

以前に Microsoft からソフトウェア、デバイス、サブスクリプションなどを購入したことがありますか?

○ いいえ
● はい

次へ 戻る

10 マイクロソフトアカウントで使ったことのある他のパスワードを入力し、

11 使ったことのある製品にチェックを付け、

12 ソフトウェアやサブスクリプションを購入したことがあれば、<はい>にチェックを付け、

13 <次へ>をクリックします。

■■ Microsoft

復元の前に...

セキュリティ上の理由から、Microsoft アカウントを回復するには、そのアカウントが分かっている必要があります。続行するには、アカウントを入力してから [次へ] をクリックしてください。

@outlook.jp ×

次へ

アカウントの確認メールが届いたら、メールに記載されているリンクをクリックします。

14 マイクロソフトアカウントを入力し、

15 <次へ>をクリックします。

⚠️ **カード情報の入力が求められることもある**

手順**12**で<はい>を選択した場合は、次にカード情報の入力画面が表示されます。

■■ Microsoft

パスワードのリセット

8 文字以上、大文字と小文字の区別があります

••••••••

••••••••

キャンセル 次へ

16 新しいパスワードを2回入力し、

17 <次へ>をクリックすれば、設定完了です。

困った度 ？？？

PINコードを忘れてしまった

A ▶ パスワード入力に切り替えるか、PINを削除しましょう。

1 パスワード入力に切り替える

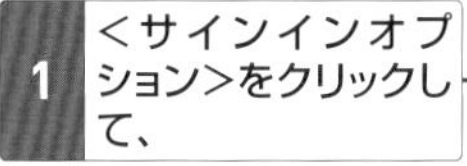

サインイン画面を表示します。

1 ＜サインインオプション＞をクリックして、

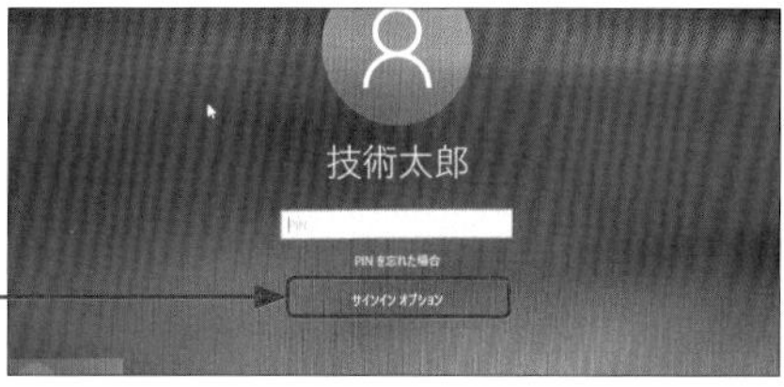

2 ＜Microsoftアカウントのパスワード＞をクリックすると、

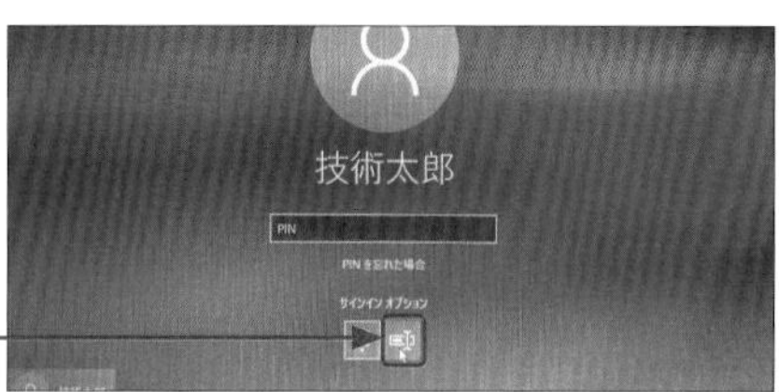

3 パスワード入力に切り替わります。マイクロソフトアカウントに設定したパスワードを入力して、サインインします。

パスワードがわからない場合は?

マイクロソフトアカウントに登録したパスワードもわからない場合は、P.18を参照してパスワードの再設定を行いましょう。

2 PINを削除する

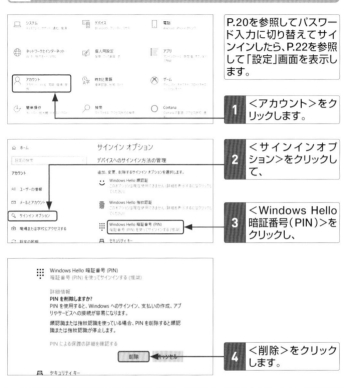

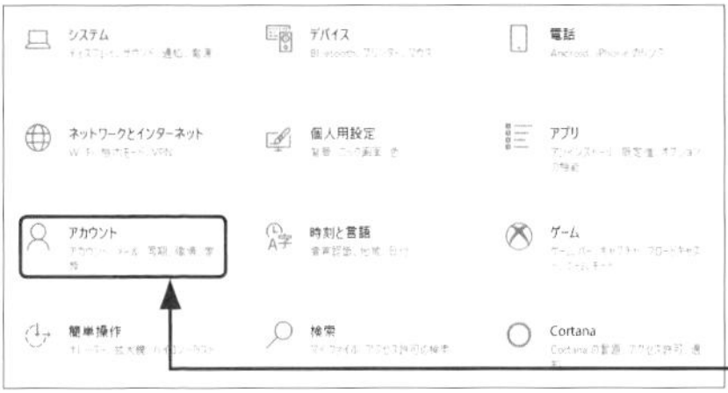

P.20を参照してパスワード入力に切り替えてサインインしたら、P.22を参照して「設定」画面を表示します。

1 ＜アカウント＞をクリックします。

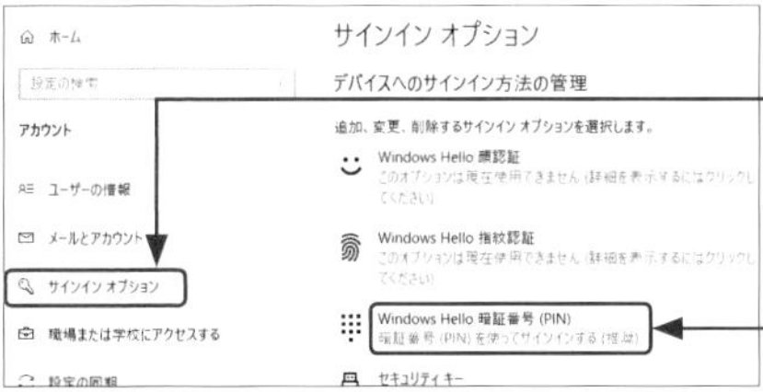

2 ＜サインインオプション＞をクリックして、

3 ＜Windows Hello 暗証番号（PIN）＞をクリックし、

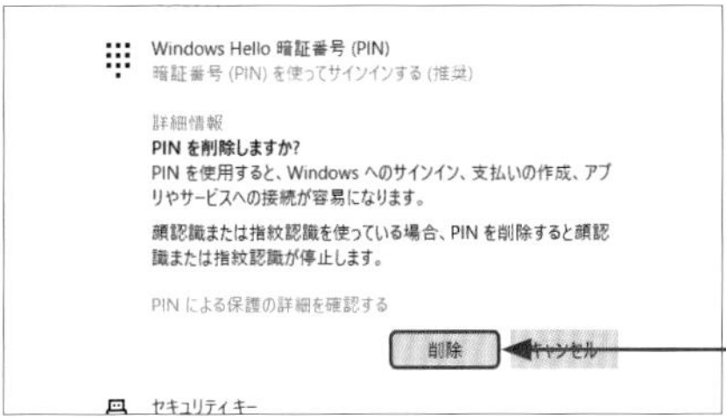

Windows Hello 暗証番号 (PIN)
暗証番号 (PIN) を使ってサインインする (推奨)

詳細情報
PIN を削除しますか?
PIN を使用すると、Windows へのサインイン、支払いの作成、アプリやサービスへの接続が容易になります。
顔認識または指紋認識を使っている場合、PIN を削除すると顔認識または指紋認識が停止します。
PIN による保護の詳細を確認する
削除　キャンセル

4 ＜削除＞をクリックします。

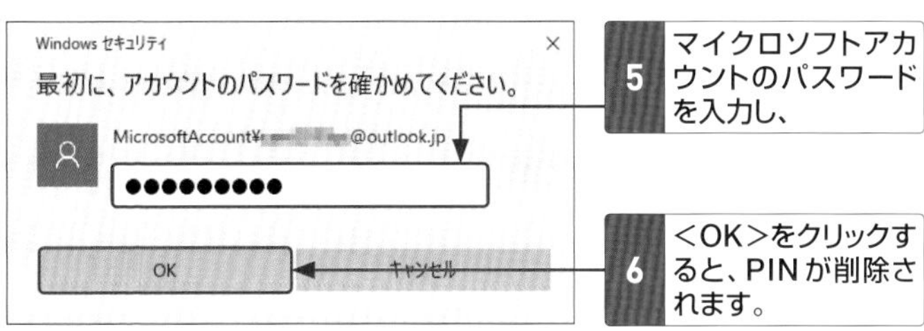

5 マイクロソフトアカウントのパスワードを入力し、

6 ＜OK＞をクリックすると、PINが削除されます。

PINを再設定する

PINは再設定可能です。再設定の手順は、P.55を参照してください。

困った度 ? ?

パソコンの設定はどこで変更するの?

A ▶ 「設定」画面またはコントロールパネルで、パソコンの設定変更を行うことができます。

1 「設定」画面から行う

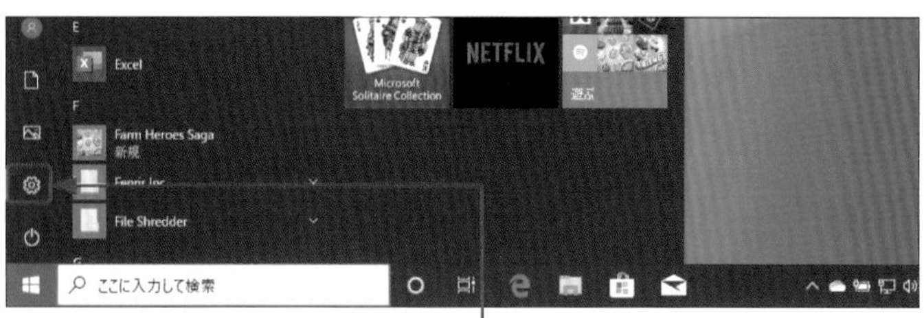

1 スタートメニューを表示し、

2 <設定>をクリックします。

3 「設定」画面が開きます。

「設定」画面とは

ウィンドウズ 10の「設定」画面では、パソコンの各種設定を変更できます。ウィンドウズ 8／8.1の「PC 設定」とほぼ同じ内容ですが、デザインが一新されています。

困った度 ？？

Q005 「コントロールパネル」を開きたい

A ▸ ＜スタート＞ボタンをクリックし、＜Windowsシステムツール＞から起動しましょう。

1 コントロールパネルを開く

1 スタートメニューを表示し、

2 ＜Windowsシステムツール＞をクリックします。

3 ＜コントロールパネル＞をクリックすると、

4 コントロールパネルが表示されます。

メモ コントロールパネルとは？

コントロールパネルとは、ウィンドウズ10の各種設定を変更できるデスクトップアプリです。「設定」画面よりもより細かな設定を行えます。

困った度 ？？

パソコンの時刻がずれている

「日付と時刻の調整」の「日付と時刻」で、時刻を調整しましょう。

1 パソコンの時刻を同期する

1 タスクバーの日付と時刻の表示された部分を右クリックし、

2 ＜日付と時刻の調整＞をクリックします。

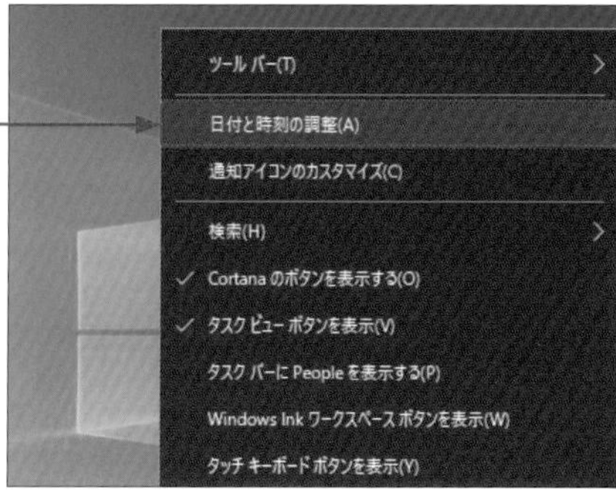

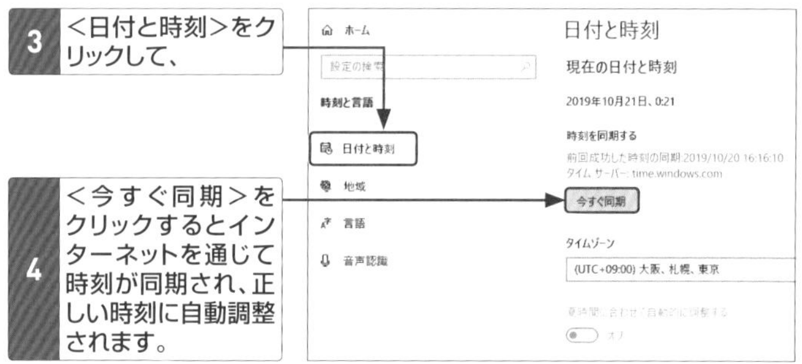

困った度 ?

Q 007 パソコンが32ビットか64ビットか確認したい

「設定」画面の＜バージョン情報＞で、パソコンのビット数を確認できます。

1 「バージョン情報」からビット数を確認する

P.22を参照し、「設定」画面を表示します。

1 ＜システム＞をクリックし、

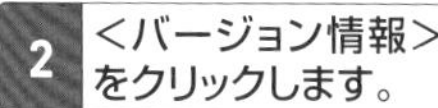

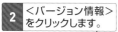

2 ＜バージョン情報＞をクリックします。

3 「システムの種類」でパソコンのビット数が確認できます。

パソコンのビット数による違いとは?

ウィンドウズ10には、32ビット版と64ビット版の2種類があり、ビット数によって、対応するドライバーやプログラムが異なる場合があります。パソコンのビット数を確認し、適切なドライバーやプログラムをインストールする必要があります。

困った度 ? ?

画面全体の大きさが変わってしまった

A ▶ 「設定」画面の<ディスプレイ>から、ディスプレイの解像度（サイズ）を変更しましょう。

1 再起動後の解像度リセットを取り消す

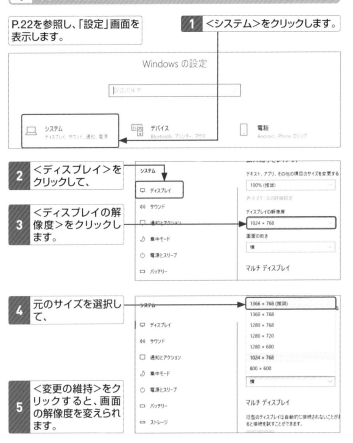

P.22を参照し、「設定」画面を表示します。

1 <システム>をクリックします。

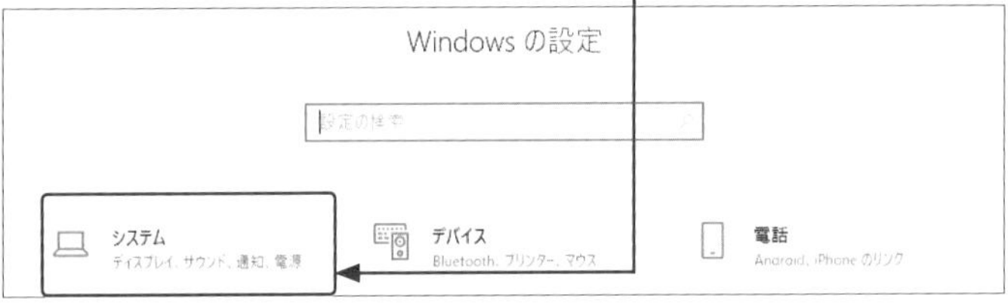

2 <ディスプレイ>をクリックして、

3 <ディスプレイの解像度>をクリックします。

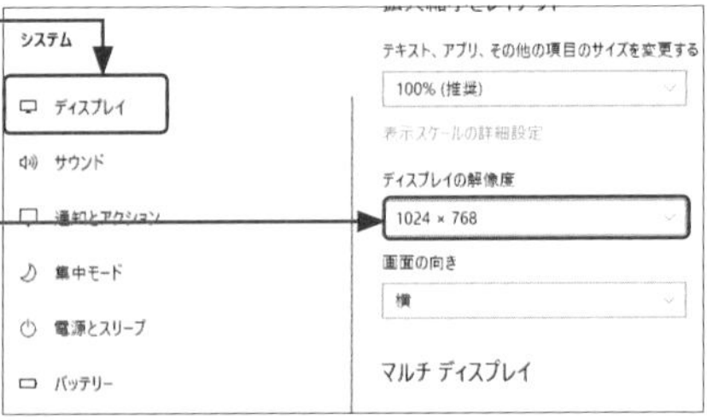

4 元のサイズを選択して、

5 <変更の維持>をクリックすると、画面の解像度を変えられます。

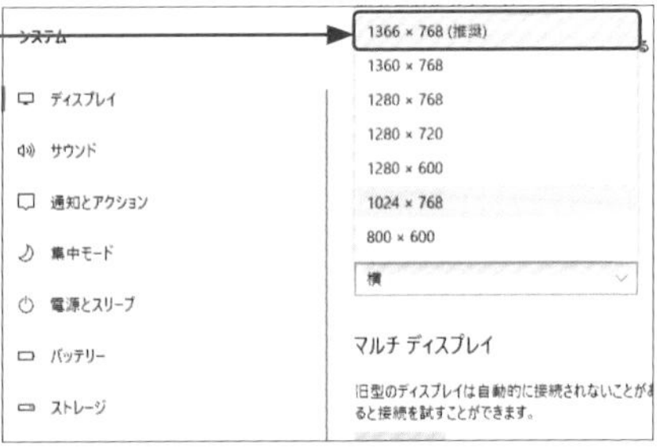

困った度 ? ?

Q009 画面が暗い／まぶしい

「設定」画面から、自分が見やすいように画面の明るさを調整しましょう。

1 「設定」画面で画面の明るさを変更する

P.22を参照し、「設定」画面を表示します。

1 <システム>をクリックし、

2 <ディスプレイ>をクリックして、

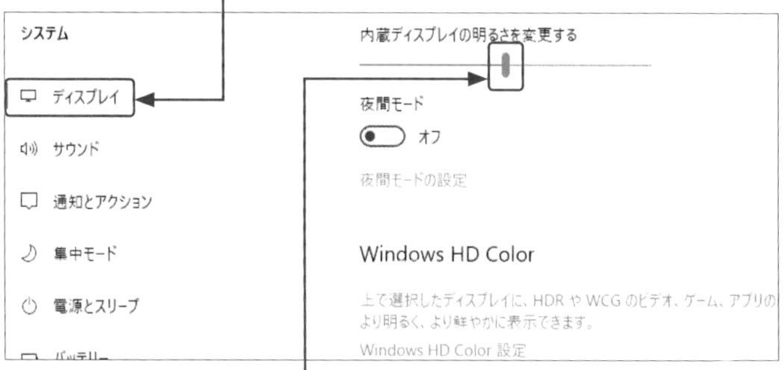

3 <内蔵ディスプレイの明るさを変更する>のスライドバーを左右にドラッグします。左に動かすと暗くなり、右に動かすと明るくなります。

コントロールパネルで明るさを調整する

コントロールパネルを表示し、<ハードウェアとサウンド>→<電源オプション>の順にクリックして、画面下部の<画面の明るさ>のスライドバーを動かして調節します。

PART 1 パソコンの基本操作で困った！

困った度 ？？？

Q 010 パソコン画面の文字が小さくて見づらい

「設定」画面の<ディスプレイ>から、自分が見やすいように文字の大きさを調整しましょう。

1 ディスプレイの文字の大きさを調整する

P.22を参照し、「設定」画面を表示します。

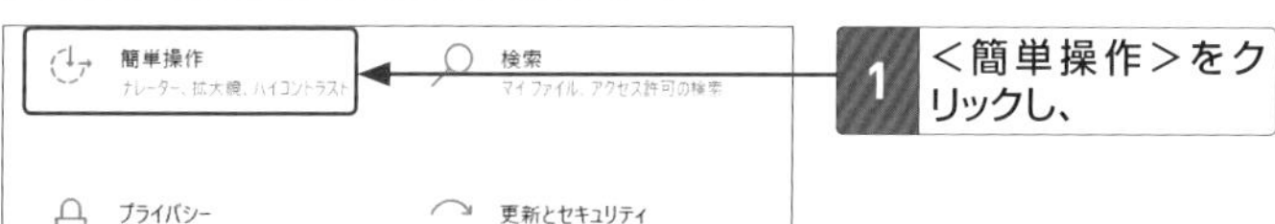

1 <簡単操作>をクリックし、

2 <ディスプレイ>をクリックして、

3 <文字を大きくする>のスライドバーを右側に動かし、文字の大きさを調整します。

簡単操作
視覚
ディスプレイ
カーソルとポインター
拡大鏡
文字を大きくする
サンプル テキスト
サンプル テキストが読みやすい大きさになるまでスライダーをドラッ
をクリックする
A A
適用

4 <適用>をクリックすると、文字の大きさが変更されます。

変更する際の注意点

本項で解説した手順は、デスクトップ画面や、ウィンドウズ10の標準アプリの文字サイズを変更できます。ただし、ワードやエクセルなど一部のアプリは本項の手順を使っても反映されないため、次ページを参照して個別に設定を変更する必要があります。

2 ワードやエクセルの文字の大きさを調整する

ワードまたはエクセルを起動します。

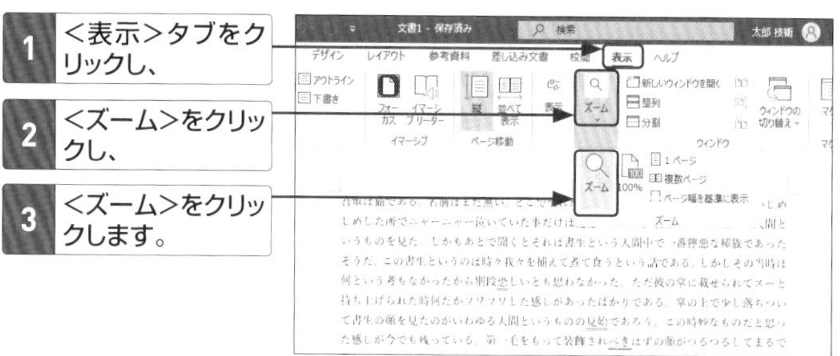

1 <表示>タブをクリックし、

2 <ズーム>をクリックし、

3 <ズーム>をクリックします。

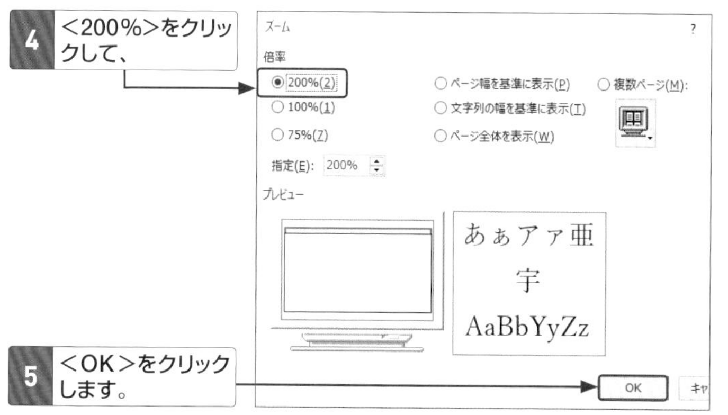

4 <200%>をクリックして、

5 <OK>をクリックします。

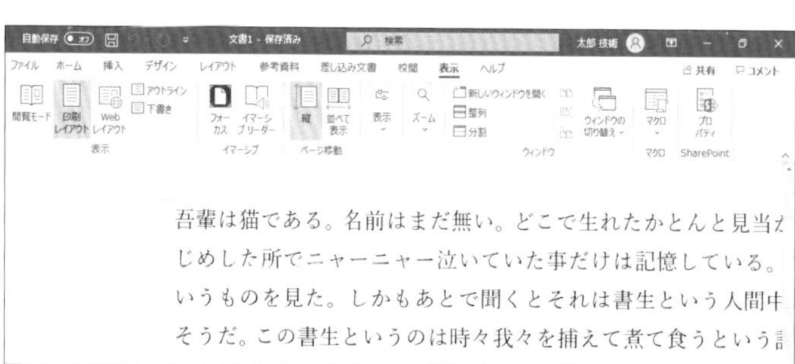

6 文字が手順4で選択した倍率に変更されます。エクセルでもほぼ同様の手順を行います。

困った度 ？？

Q 011 離席中に画面を見られたくない

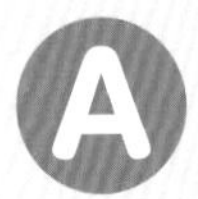

A ▶ 「設定」画面からスクリーンセーバーを設定して、画面を覗かれないようにしましょう。

1 スクリーンセーバーを設定する

P.22を参照し、「設定」画面を表示します。

1 ＜個人用設定＞をクリックし、

ネットワークとインターネット
Wi-Fi、機内モード、VPN
個人用設定
背景、ロック画面、色

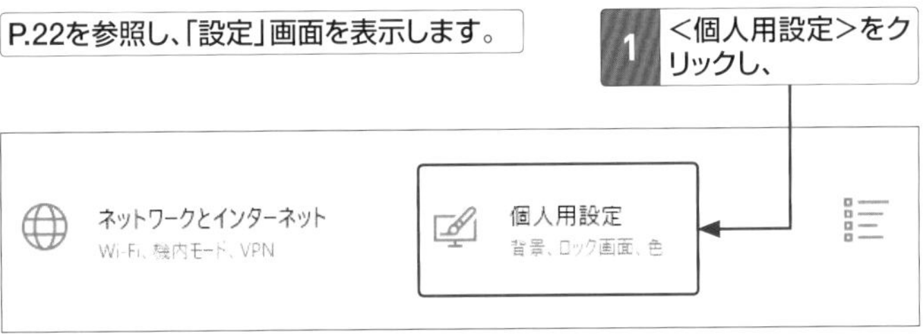

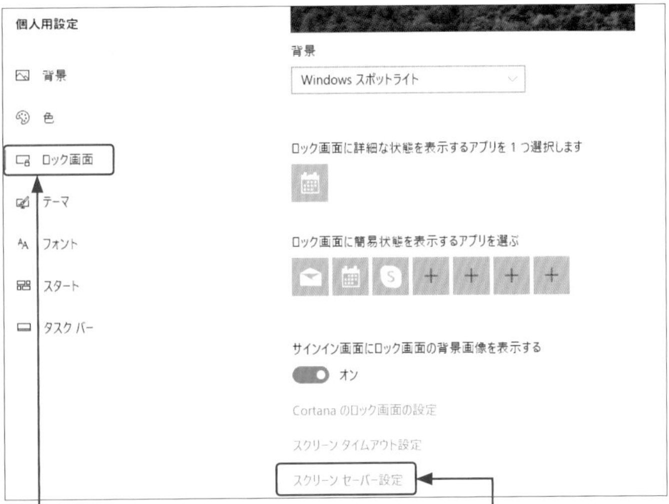

個人用設定
背景
色
ロック画面
テーマ
フォント
スタート
タスク バー
背景
Windows スポットライト
ロック画面に詳細な状態を表示するアプリを 1 つ選択します
ロック画面に簡易状態を表示するアプリを選ぶ
サインイン画面にロック画面の背景画像を表示する
オン
Cortana のロック画面の設定
スクリーン タイムアウト設定
スクリーン セーバー設定

2 ＜ロック画面＞をクリックして、

3 ＜スクリーンセーバー設定＞をクリックします。

4 スクリーンセーバーの⌵をクリックし、

5 任意のスクリーンセーバーを選択します。

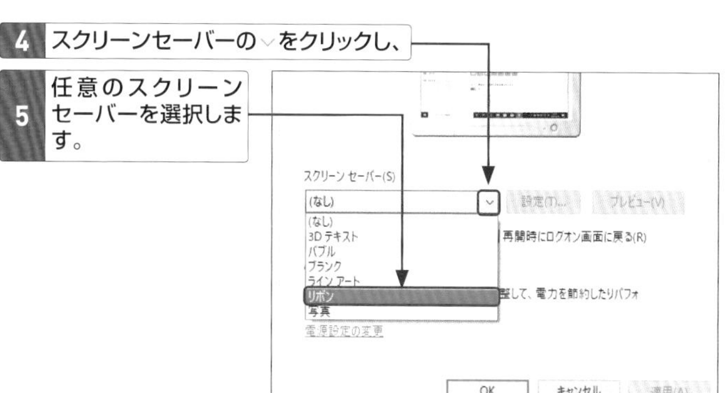

6 スクリーンセーバーが表示されるまでの時間を入力し、

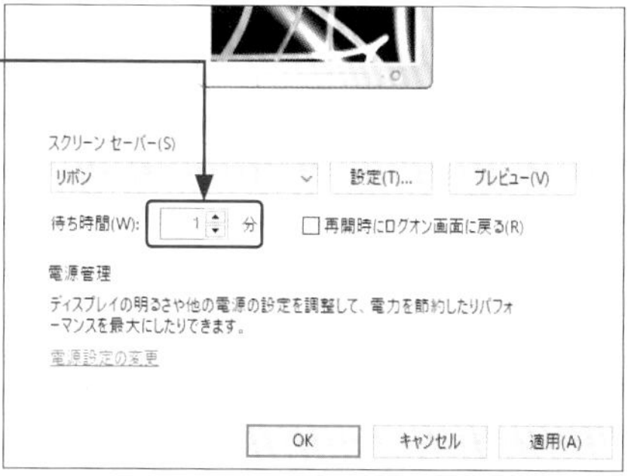

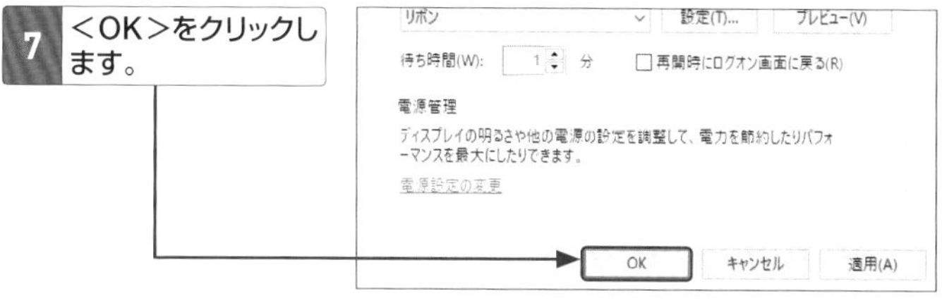

7 <OK>をクリックします。

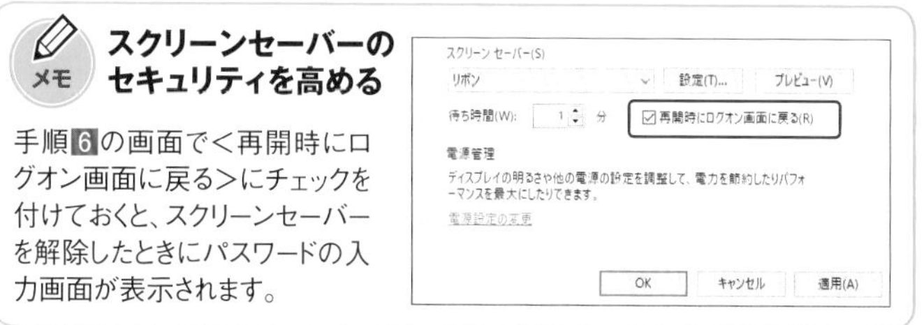

メモ

スクリーンセーバーのセキュリティを高める

手順6の画面で<再開時にログオン画面に戻る>にチェックを付けておくと、スクリーンセーバーを解除したときにパスワードの入力画面が表示されます。

スクリーン セーバー(S)
リボン
設定(T)...
プレビュー(V)
待ち時間(W): 1 分
☑再開時にログオン画面に戻る(R)
電源管理
ディスプレイの明るさや他の電源の設定を調整して、電力を節約したりパフォーマンスを最大にしたりできます。
電源設定の変更
OK
キャンセル
適用(A)

困った度 ? ?

Q 012 画面が消えて黒くなる時間を変えたい

A ▶ 「設定」画面の<電源とスリープ>で、ディスプレイの電源を切るまでの時間やスリープの時間を変更します。

1 「電源とスリープ」で時間を変更する

P.22を参照し、「設定」画面を表示します。

1 <システム>をクリックし、

2 <電源とスリープ>をクリックし、

3 「画面」や「スリープ」などの項目の ⌵ をクリックします。

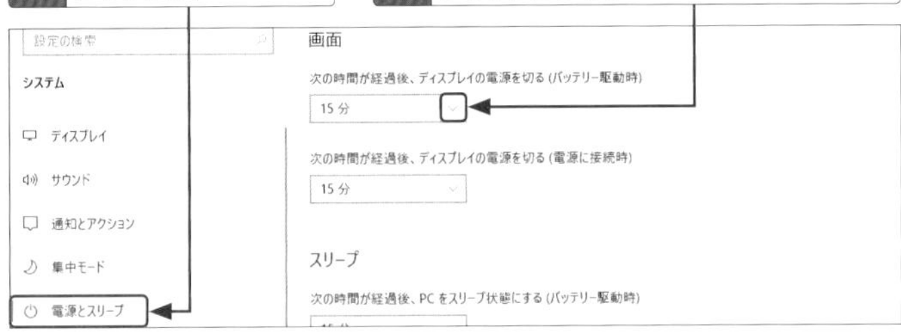

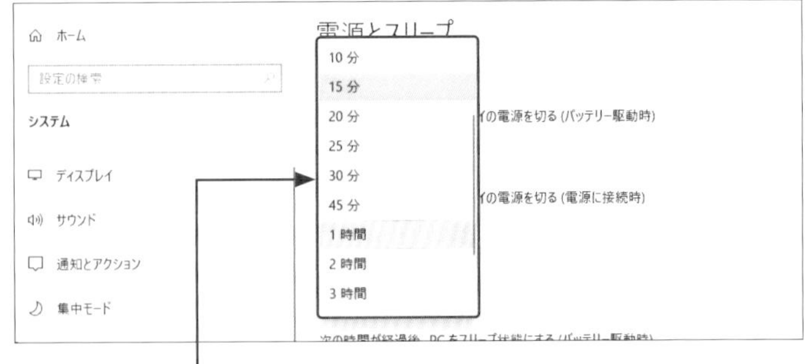

4 任意の時間をクリックして選択します。

困った度 ? ?

Q013 パソコン終了時はスリープ？シャットダウン？

A ▸ 90分以内に作業に戻るのであればスリープ、作業しない場合はシャットダウンしましょう。

1 スリープとシャットダウンの違い

項目	スリープ	シャットダウン
操作時のパソコンへの負荷	小さい	大きい
電気代	90分以内であれば電気代の節約になるが、長時間になればなるほど電気代が発生する	シャットダウン後は発生しない ※ただし、コンセントを繋いでいる場合はゼロではない
起動にかかる時間	短い	長い
データの安全性	保存していないデータは消えてしまう可能性がある	保存してから終了するので守られる
復帰後の動作	一時ファイルが蓄積されていくので重くなる	一時ファイルが消去されるので軽量

2 パソコンをスリープ／シャットダウンする

1 <スタート>ボタンをクリックして、スタートメニューを表示し、

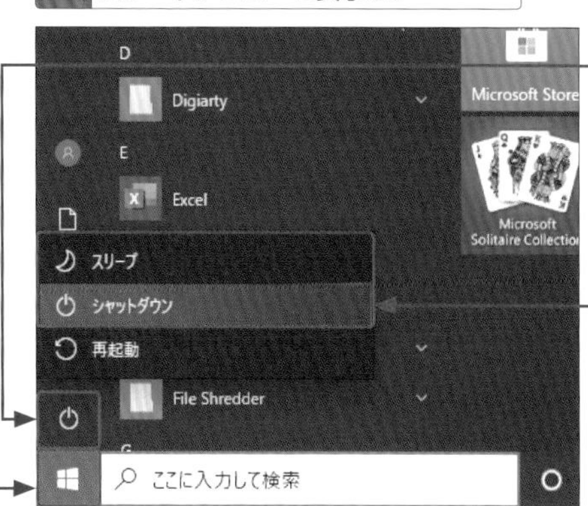

2 <電源>をクリックします。

3 <スリープ>または<シャットダウン>をクリックします。

困った度 ?

パソコンに入っている アプリを確認したい

A ▶ スタートメニューを表示することでインストールされているアプリを確認できます。

1 アプリの一覧を確認する

1 <スタート>ボタンをクリックすると、

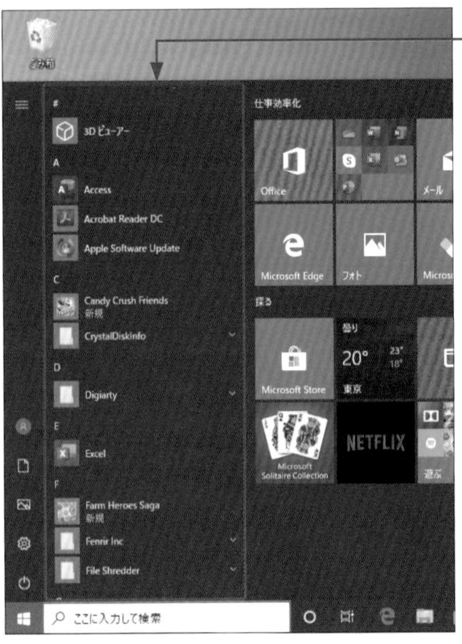

2 パソコンにインストールされているアプリが一覧表示されます。

参考 アプリの順番

アプリの一覧は、「数字」「アルファベット」「50音」の順に並んでいます。

3 一覧にマウスポインターを合わせてスクロールすると、インストールしているすべてのアプリを確認できます。

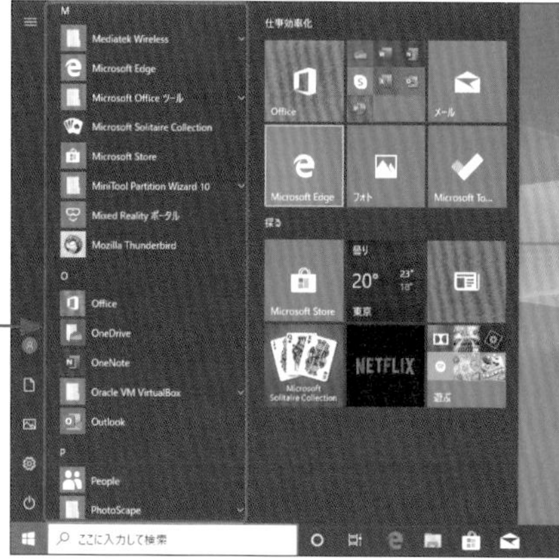

2 名前で目的のアプリを確認する

P.34を参照して、アプリ一覧を表示します。

1 カテゴリー文字部分をクリックすると、

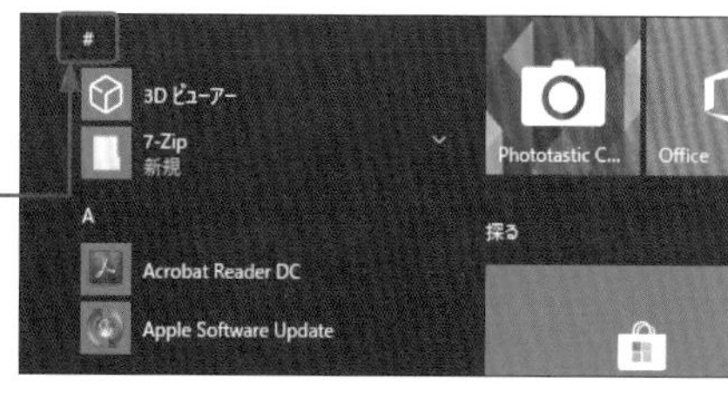

2 記号とアルファベット（アプリ名の頭文字）が一覧で表示されます。

3 目的のアプリの頭文字をクリックすると、

4 目的のアプリが表示されます。

困った度 ？？？

Q 015 必要のないアプリを削除したい

A ▸ アプリ一覧やコントロールパネルで、不要なアプリを削除します。

1 ストアアプリを削除する

1 スタートメニューを表示します。

2 アプリ一覧から削除したいアプリを右クリックし、

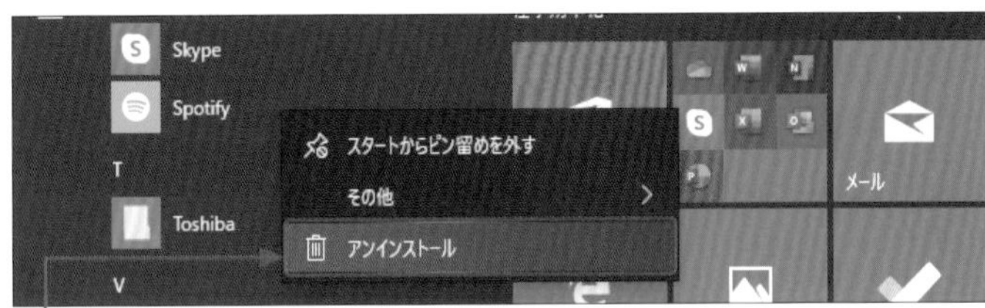

3 <アンインストール>をクリックし、

4 <アンインストール>をクリックすると、ストアアプリを削除できます。

削除できないストアアプリもある

「Microsoft Edge」（以降、Edge）など一部のストアアプリは削除できない場合もあります。なお、標準でインストールされているアプリの中には、「Microsoft Store」から再インストールできないものもあるので、削除は慎重に行いましょう。

2 デスクトップアプリを削除する

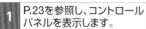

1 P.23を参照し、コントロールパネルを表示します。

2 ＜プログラムのアンインストール＞をクリックします。

File Shredder 2.5	Pow Tools	2019/07/(
GainTools PST Converter Trial Version version 1.0	GainTools Software	2018/07/(
GIMP 2.10.8	The GIMP Team	2019/03/(
Google Chrome	Google LLC	2019/10/
iCloud	Apple Inc.	2019/07/
iTunes	Apple Inc.	2019/09/
JWord アップデートセンター	JWord Inc.	2019/06/
JWord プラグイン	GMO insight Inc.	2019/06/
MacX DVD Ripper Pro For Windows 8.7.0	Digiarty Software, Inc.	2018/06/
Mediatek RT2870 Wireless LAN Card	MediatekWiFi	2018/06/
Microsoft Office 365 - ja-jp	Microsoft Corporation	2019/10/
Microsoft OneDrive	Microsoft Corporation	2019/10/(
Microsoft Visual C++ 2008 Redistributable - x64 9.0.3...	Microsoft Corporation	2018/06/

3 削除したいアプリにマウスポインターを合わせ、右クリックします。

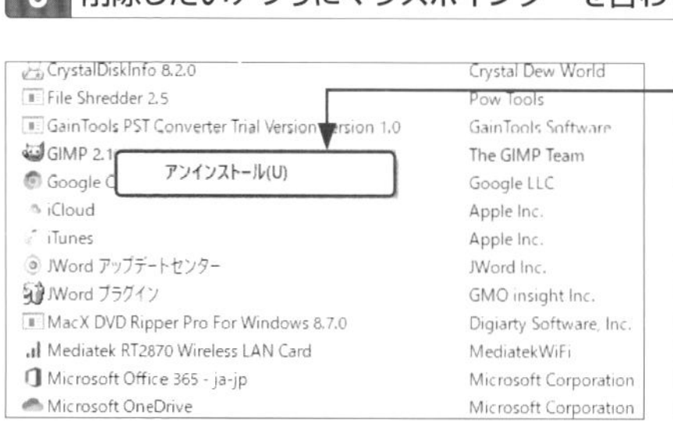

4 ＜アンインストール＞をクリックします。

5 以降は画面の指示にしたがって操作すると、アプリをアンインストールできます。

困った度 ？？

Q 016 ダブルクリックして開くアプリが変わってしまった

ファイルの関連付けが変わった場合は、＜設定＞アプリの＜既定のプログラム＞から変更します。

1 ファイルの関連付けをまとめて変更する

ここでは常に使用するWebブラウザをEdgeに再設定する方法を紹介します。

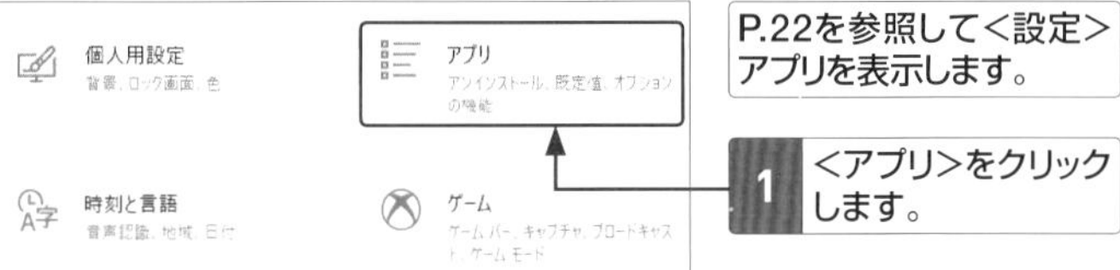

P.22を参照して＜設定＞アプリを表示します。

1 ＜アプリ＞をクリックします。

アプリと機能
既定のアプリ
オフライン マップ
Web サイト用のアプリ
ビデオの再生
スタートアップ
アプリ実行エイリアス
検索や並べ替えを行ったり、ドライブでフィルターをかけたりできます。アプリをアンインストールまたは移動する場合は、一覧で目的のアプリを選びます。
このリストを検索
並べ替え: 名前　フィルター: すべてのドライブ
3D ビューアー Microsoft Corporation 読み込み中... 2019/10/09
Adobe Acrobat Reader DC - Japanese 読み込み中... 2019/10/16
ALPS Touch Pad Driver 読み込み中...

2 ＜既定のアプリ＞をクリックします。

コントロールパネルからファイルの関連付けを変更する

コントロールパネルからファイルの関連付けを変更するには、P.23を参照してコントロールパネルを表示し、＜プログラム＞→＜既定のプログラム＞をクリックします。＜既定のプログラムの設定＞からプログラムを選択すると、既定のプログラムを変更できます。

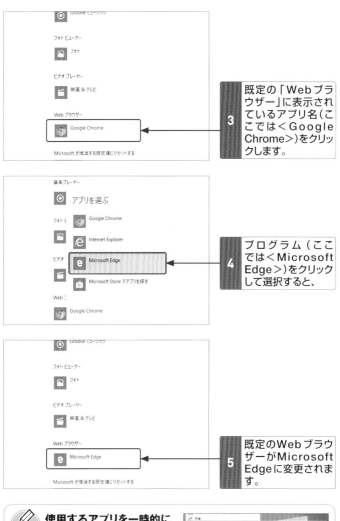

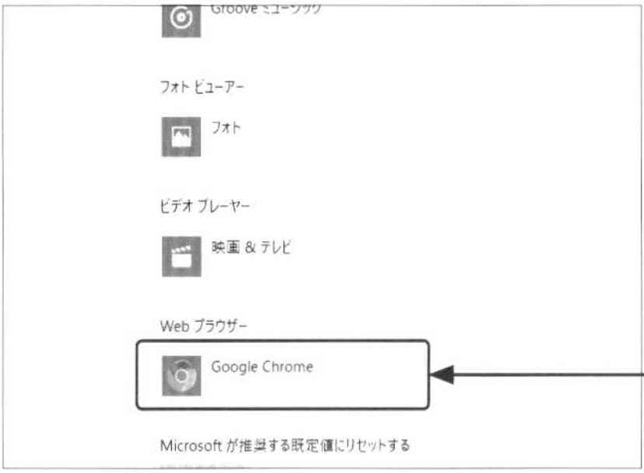

3 既定の「Webブラウザー」に表示されているアプリ名（ここでは＜Google Chrome＞）をクリックします。

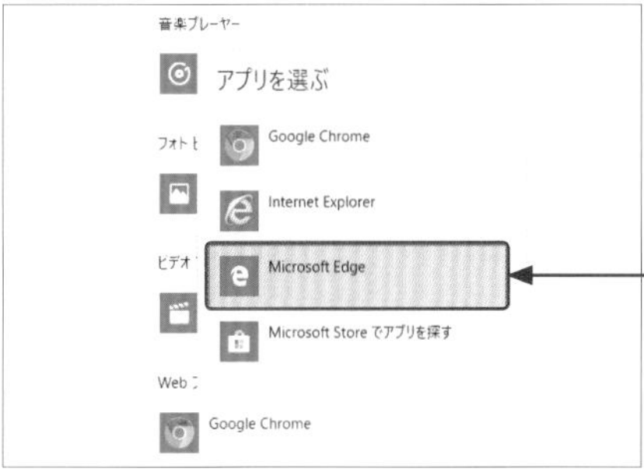

4 プログラム（ここでは＜Microsoft Edge＞）をクリックして選択すると、

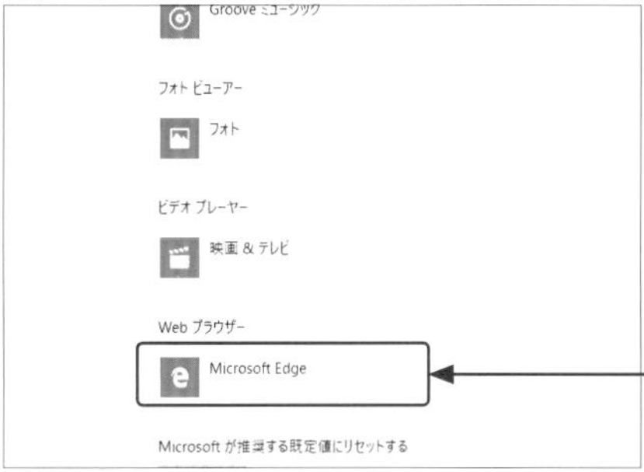

5 既定のWebブラウザーがMicrosoft Edgeに変更されます。

使用するアプリを一時的に変更する

ファイルを右クリックし、＜プログラムから開く＞をクリックしてプログラムを選択すると、一時的に別のアプリで開くことができます。

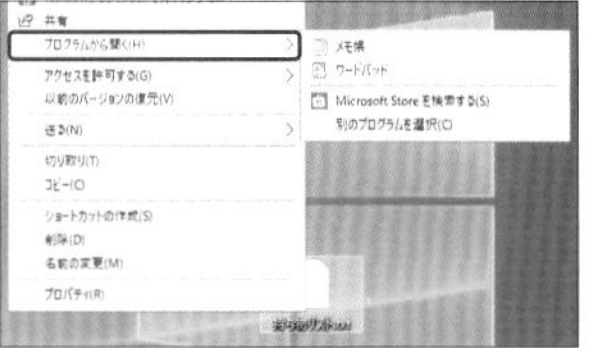

困った度 ? ? ?

パソコンにウイルス対策ソフトは入っていないの?

「Windows Defender」を利用してウイルスなどをチェックしましょう。

1 Windows Defenderを使用する

1 P.22を参照して「設定」画面を表示し、<更新とセキュリティ>をクリックします。

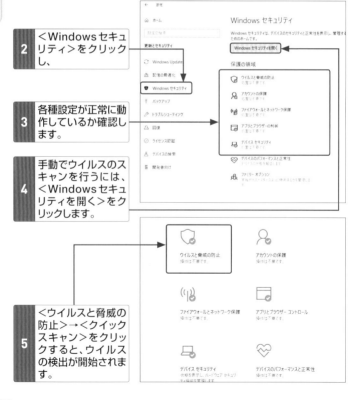

2 <Windowsセキュリティ>をクリックし、

3 各種設定が正常に動作しているか確認します。

4 手動でウイルスのスキャンを行うには、<Windowsセキュリティを開く>をクリックします。

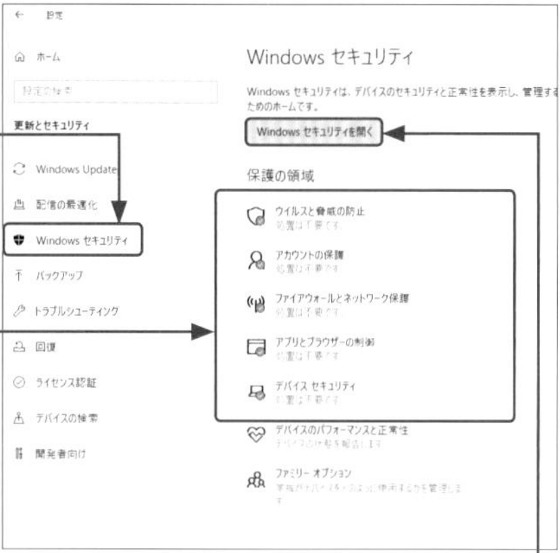

5 <ウイルスと脅威の防止>→<クイックスキャン>をクリックすると、ウイルスの検出が開始されます。

困った度 ？ ？

パソコンが最新の状態になっているか知りたい

「Windows Update」をチェックして、最新の状態になっているかを確認します。

1 Windows Updateを使用する

1 P.22を参照して「設定」画面を表示し、<更新とセキュリティ>をクリックします。

2 <Windows Update>をクリックし、

3 <更新プログラムのチェック>をクリックします。

4 更新プログラムの検索が開始されます。

更新プログラムがある場合は

更新プログラムがある場合は、「利用可能な更新プログラム」と表示されます。更新プログラムは自動的にダウンロードされますが、再起動が必要な場合もあります。ウィンドウズ10が最新の状態になっていれば、「最新の状態です」などと表示されます。

困った度 ? ?

Q 019 ディスクの容量が少なくなってきた

「ストレージセンサー」を使い、不要なファイルを削除して容量を確保しましょう。

1 「ストレージセンサー」を有効にする

P.22を参照して「設定」画面を表示します。

1 ＜システム＞をクリックします。

2 ＜ストレージ＞をクリックして、

3 ＜ストレージセンサーは～＞をクリックしてオンにすると、一時ファイルやごみ箱の内容などの不要なファイルが削除され、自動的にハードディスクの空き容量が増えます。

カテゴリごとに不要なデータを管理する

手順2の画面には、カテゴリごとのストレージの使用状況が表示されます。それぞれのカテゴリをクリックすると、不要なファイルやアプリ、一時ファイルの削除などが行えます。

困った度 ？？？

Q020 画面が固まった

A ▸ タスクマネージャーで起動中のアプリやバックグラウンドのアプリを終了して、負荷を軽減します。

1 タスクマネージャーを起動する

操作中に画面がフリーズしたら、Ctrl+Shift+Escキーを押して、タスクマネージャーを起動します。

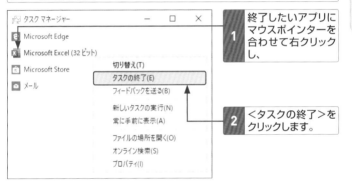

タスク マネージャー
Microsoft Edge
Microsoft Excel (32 ビット)
Microsoft Store
メール
切り替え(T)
タスクの終了(E)
フィードバックを送る(B)
新しいタスクの実行(N)
常に手前に表示(A)
ファイルの場所を開く(O)
オンライン検索(S)
プロパティ(I)

1 終了したいアプリにマウスポインターを合わせて右クリックし、

2 <タスクの終了>をクリックします。

タスク マネージャー
Microsoft Edge
Microsoft Store
メール

3 アプリが強制終了します。

バックグラウンドのアプリを終了させる

同じ手順で、バックグラウンドで起動中のアプリも終了できます。

困った度 ？？？

Q021 パソコンが勝手に再起動してしまう

A 「設定」アプリの＜Windows Update＞から、再起動のタイミングを設定します。

1 アクティブ時間を設定する

P.22を参照して「設定」画面を表示します。

1 ＜更新とセキュリティ＞をクリックします。

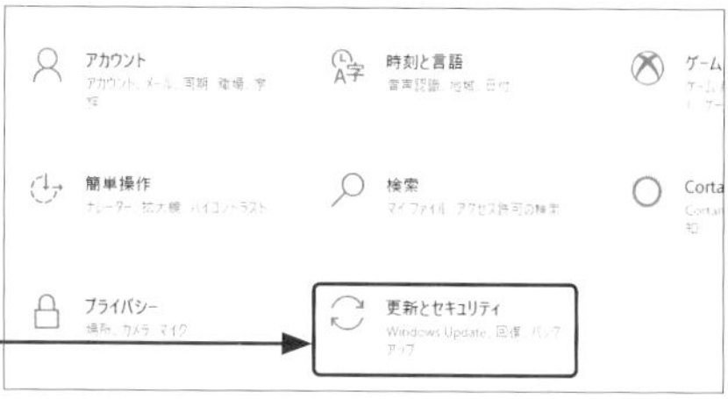

2 ＜Windows Update＞をクリックして、

3 ＜アクティブ時間の変更＞をクリックします。

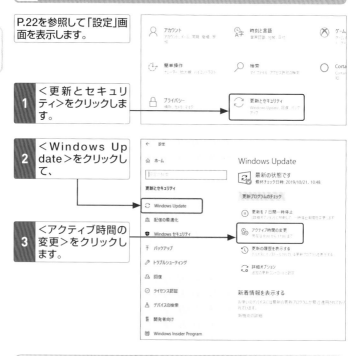

更新の一時停止

更新（Windows Update）を一時停止するには、手順2の画面で＜更新を7日間一時停止＞をクリックします。

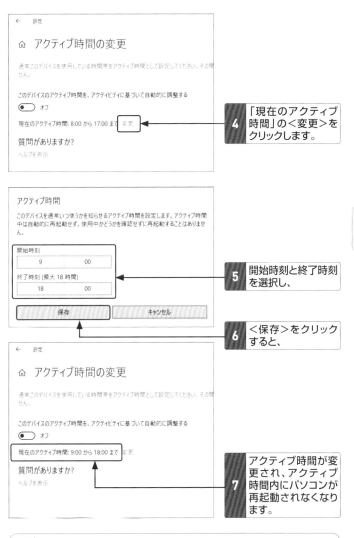

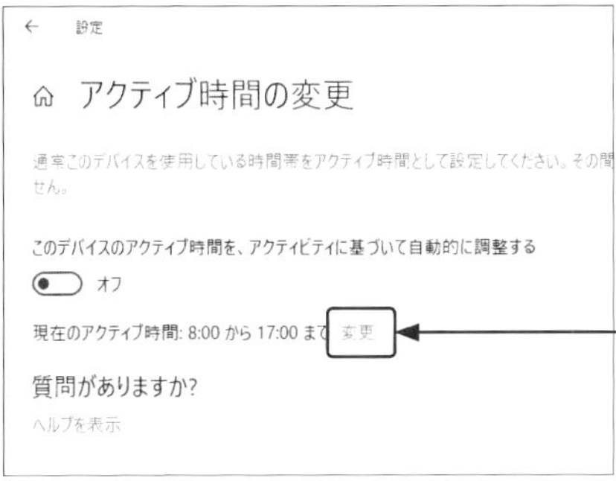

← 設定

⌂ アクティブ時間の変更

通常このデバイスを使用している時間帯をアクティブ時間として設定してください。その間
せん。

このデバイスのアクティブ時間を、アクティビティに基づいて自動的に調整する

オフ

現在のアクティブ時間: 8:00 から 17:00 まで　変更

質問がありますか?

ヘルプを表示

4 「現在のアクティブ時間」の＜変更＞をクリックします。

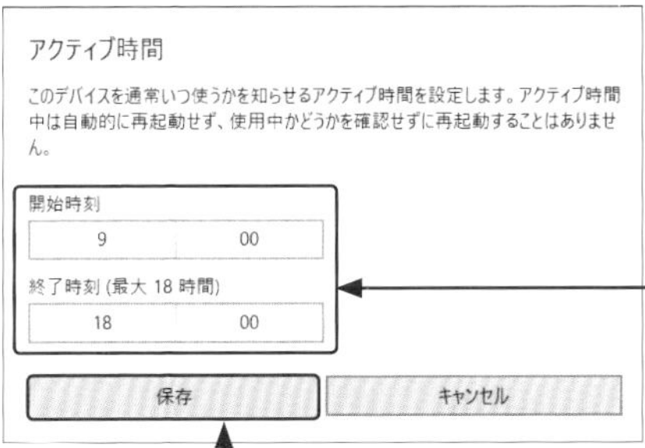

アクティブ時間

このデバイスを通常いつ使うかを知らせるアクティブ時間を設定します。アクティブ時間中は自動的に再起動せず、使用中かどうかを確認せずに再起動することはありません。

開始時刻

9　00

終了時刻 (最大 18 時間)

18　00

保存　キャンセル

5 開始時刻と終了時刻を選択し、

6 ＜保存＞をクリックすると、

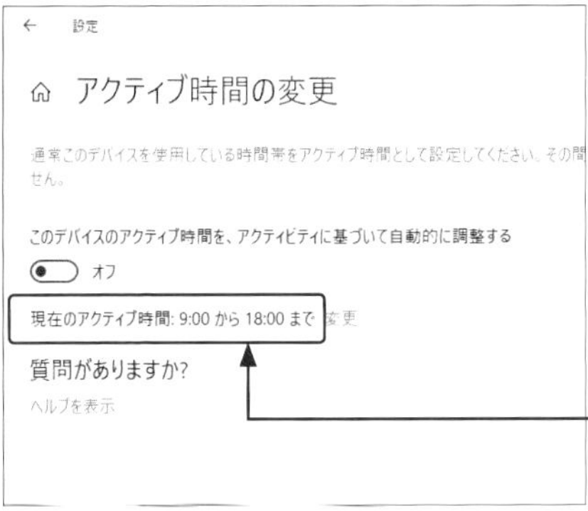

← 設定

⌂ アクティブ時間の変更

通常このデバイスを使用している時間帯をアクティブ時間として設定してください。その間
せん。

このデバイスのアクティブ時間を、アクティビティに基づいて自動的に調整する

オフ

現在のアクティブ時間: 9:00 から 18:00 まで　変更

質問がありますか?

ヘルプを表示

7 アクティブ時間が変更され、アクティブ時間内にパソコンが再起動されなくなります。

アクティビティに基づいて調整する

手順4の画面で＜このデバイスのアクティブ時間を～＞をオンにすると、通常パソコンを使っている時間に基づいて、アクティブ時間が自動設定されます。

困った度 ？？？

電源がいつまでも切れない

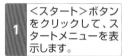

A ▶ スタートメニューを表示して、再度シャットダウンを試みましょう。

1 スタートメニューで再度シャットダウンする

1 ＜スタート＞ボタンをクリックして、スタートメニューを表示します。

2 ＜電源＞をクリックします。

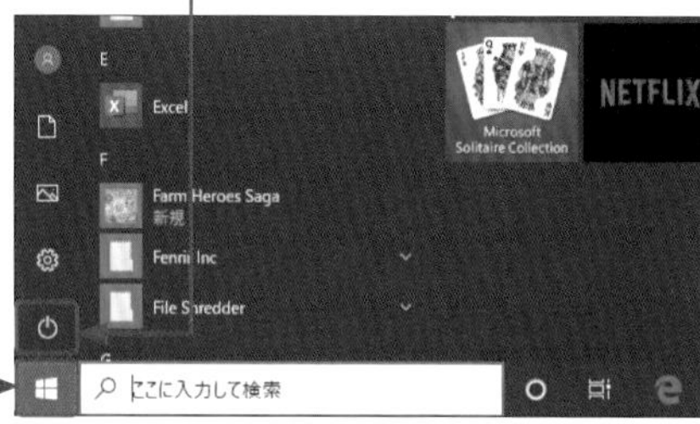

3 ＜シャットダウン＞をクリックして、電源が切れるか再度試してみましょう。

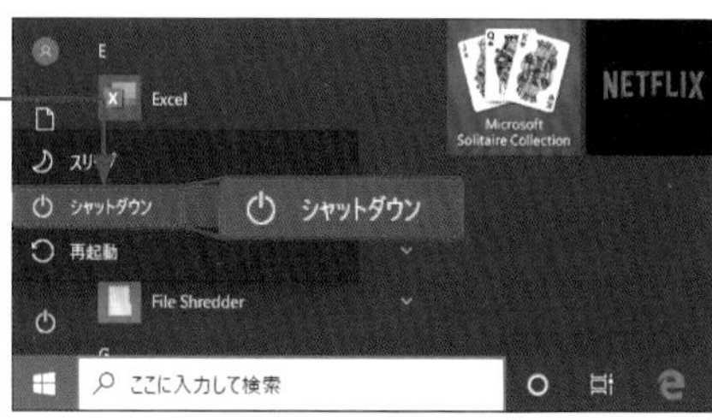

再度シャットダウンを試して失敗した場合は

再度シャットダウンに失敗した場合は、Ctrl＋Alt＋Delキーを押して、画面右下の＜シャットダウン＞→＜シャットダウン＞をクリックするか、パソコン本体の電源ボタンを長押しして強制終了しましょう。

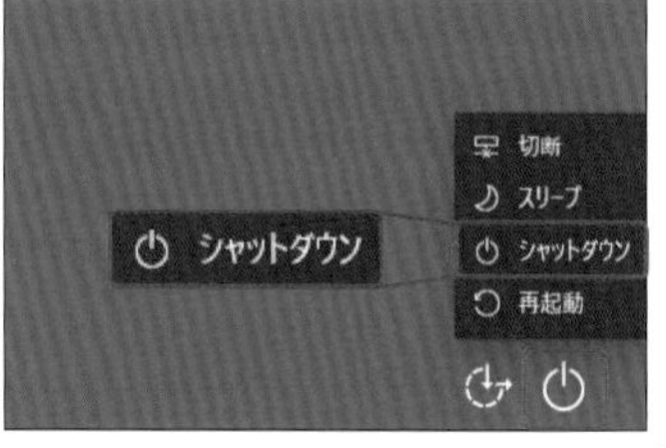

PART

2

デスクトップの操作で

困った!

困った度 ？？

デスクトップの壁紙を変更したい

A ▶ デスクトップを右クリックしたあと、「個人用設定」の項目から変更を行いましょう。

1 「個人用設定」から壁紙を変更する

1 デスクトップ画面を右クリックし、

2 <個人用設定>をクリックします。

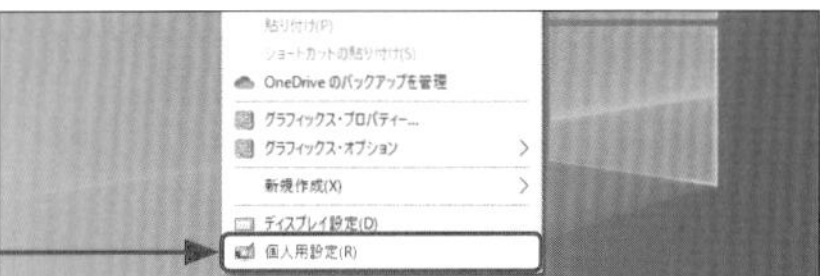

3 <背景>をクリックします。

4 ここでは<画像>を選択し、

好きな画像を背景にする

自分の好きな画像を背景に設定したい場合は、<参照>をクリックしたあと、画像を選択しましょう。

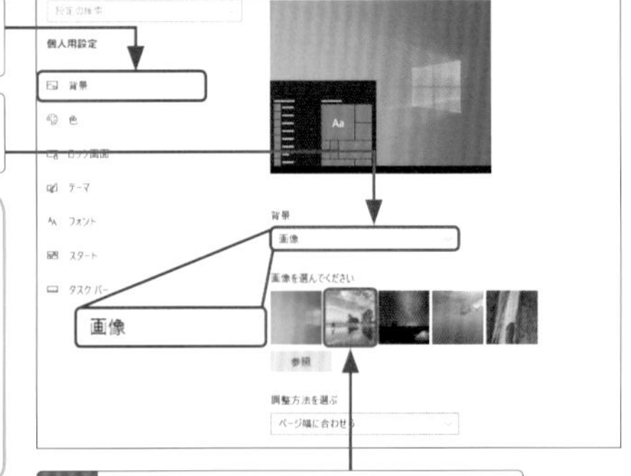

5 変更したい背景をクリックすると、

6 背景が変更されます。

困った度 ?

デスクトップ上のアイコンを自由に配置したい

A ▸ ＜アイコンの自動整列＞のチェックを外せば、デスクトップの任意の場所に配置できます。

1 アイコンの自動整列機能をオフにする

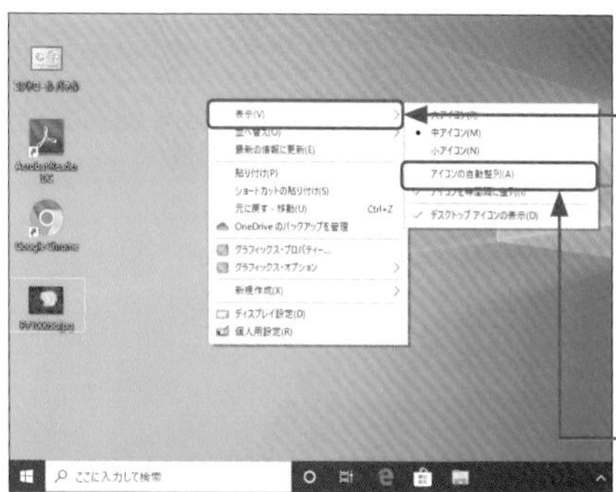

1 デスクトップ画面を右クリックし、

2 ＜表示＞にマウスポインターを合わせて、

3 ＜アイコンの自動整列＞をクリックし、チェックを外します。

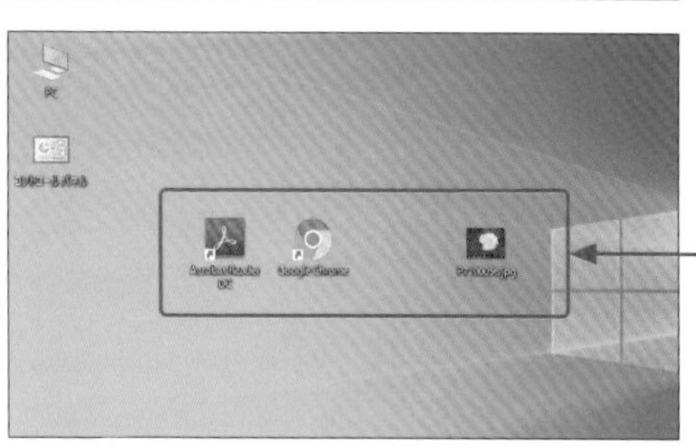

4 アイコンを任意の場所に配置できるようになりました。

アイコンをより自由に配置する

アイコンの自動整列をオフにしただけでは、アイコン同士の間隔が等間隔になるよう自動で調整されます。そこで、手順3の画面でさらに＜アイコンを等間隔に整列＞をクリックしてオフにすれば、アイコン同士の間隔も自分で調整できるようになるので、より自由度の高い配置が可能になります。

困った度 ？？

Q 025 なぜかおかしなアプリが起動してしまう

ファイルを右クリックし、<別のプログラムの選択>で開きたいアプリを選択します。

1 ファイルを開くアプリを変更する

1 ファイルを右クリックし、

2 表示されたメニューで<プログラムから開く>を選択し、

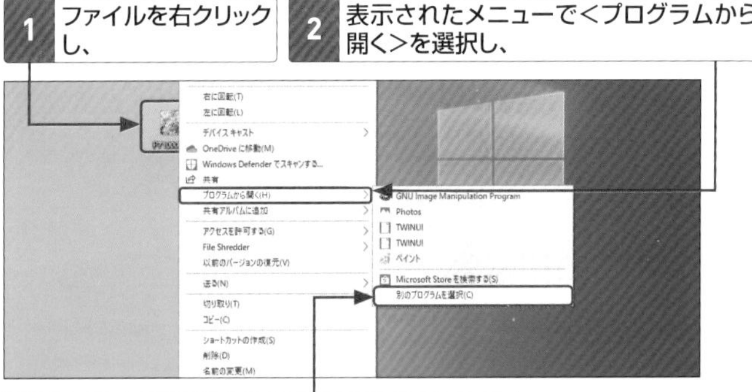

3 <別のプログラムを選択>をクリックします。

4 開きたいアプリをクリックし、

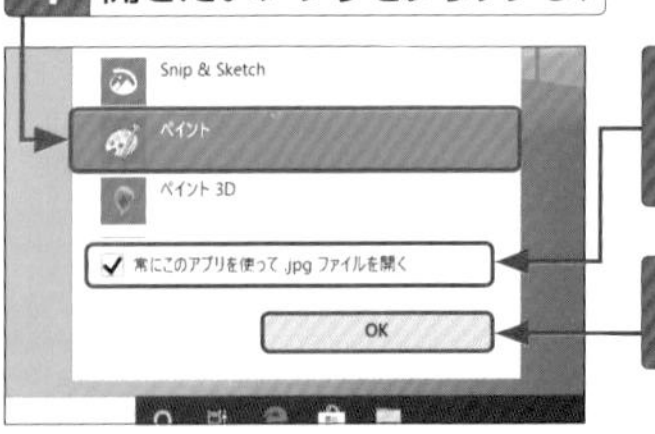

5 <常にこのアプリを使って●●ファイルを開く>にチェックを付け、

6 <OK>をクリックすると、ファイルを開くアプリが変更されます。

ストアから目的のアプリを探す

ウィンドウズ10では「ストア」からアプリをインストールできます。手順4で適切なアプリが見つからない場合、<ストアでアプリを探す>をクリックし、ほかのアプリをインストールしましょう。

困った度 ？？

Q026 いつも使うアプリをすばやく起動したい

A▸ よく使うアプリはタスクバーにピン留めしておくと、素早く起動できます。

1 アプリをタスクバーにピン留めする

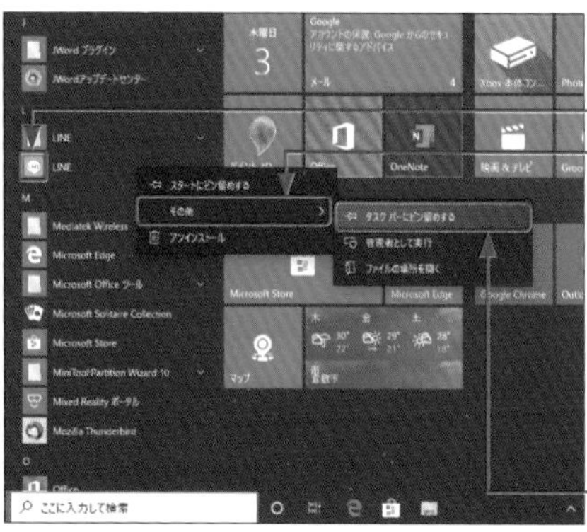

スタート画面を表示します。

1 アプリの一覧からピン留めしたいアプリを右クリックし、

2 <その他>をクリックして、

3 <タスクバーにピン留めする>をクリックします。

4 タスクバーに、手順1で選択したアプリのアイコンが追加されました。

アプリのアイコンをタスクバーから消すには

削除したいアプリのアイコンの上にポインタを合わせて右クリックし、<タスクバーからピン留めを外す>をクリックすると、タスクバーからアプリのアイコンが消えます。なお、ピン留めを外してもアプリそのものは削除されません。

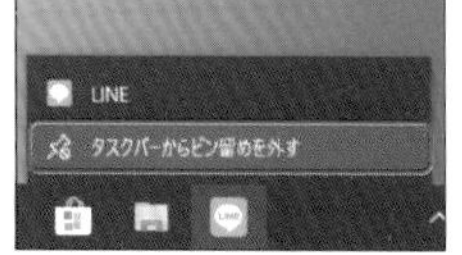

困った度 ？？？

Q027 ショートカットから起動できなくなった

A ▸ ファイルやアプリのアイコンを再度デスクトップ上にドラッグして、リンクを再設定します。

1 ショートカットのリンクを再設定する

何らかの理由でリンクが切れてしまったアイコンは、「ショートカットエラー」画面が表示されるので、＜はい＞をクリックして削除します。

ここではアプリの一覧を表示します（P.34参照）。

1 アプリアイコンまたはタイルをデスクトップにドラッグします。

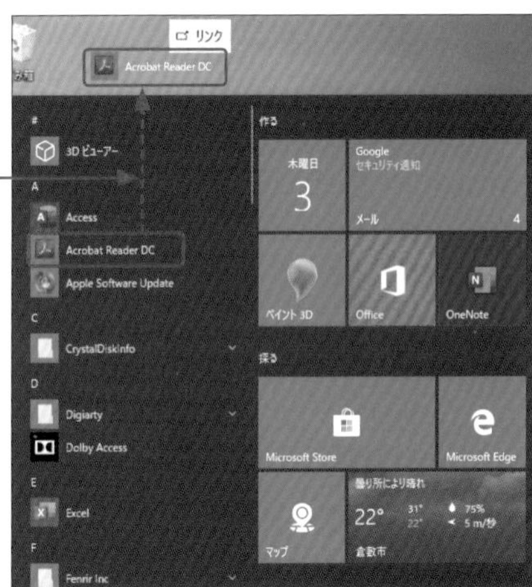

ショートカットが再作成されます。

2 クリックすると、正常にアプリが起動します。

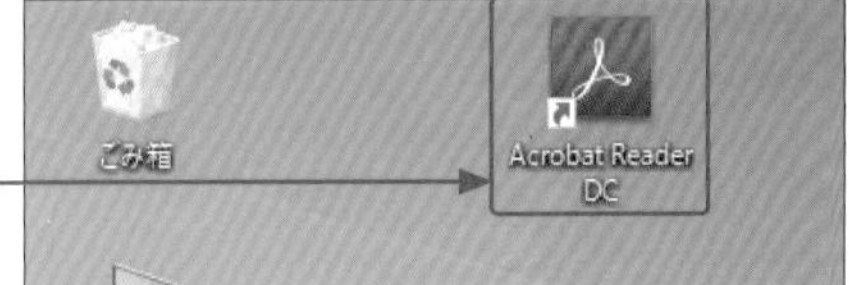

困った度 ？？

Q028 アイコンの大きさを変えたい

A ▶ デスクトップを右クリックして、「表示」で3段階の大きさから変更できます。

1 デスクトップ上を右クリックする

1 デスクトップのなにもないところで右クリックします。

2 メニューから<表示>にマウスポインターを合わせて、

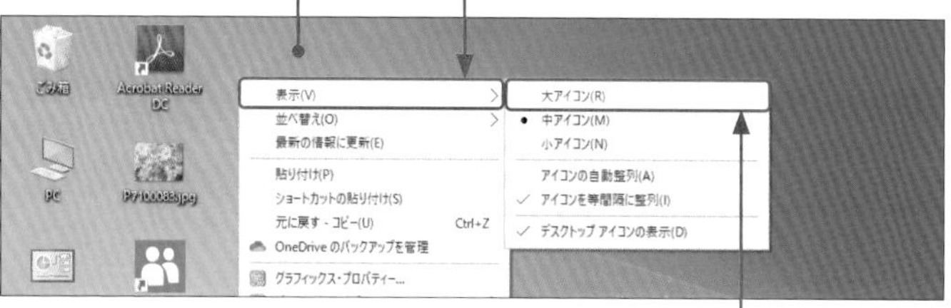

3 大きさ（ここでは<大アイコン>）をクリックします。

4 アイコンが大きくなりました。

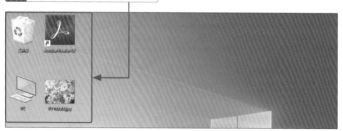

マウスホイールで大きさを変える

上記の例は「大アイコン」「中アイコン」「小アイコン」の3段階から変更しますが、デスクトップ上をCtrlキーを押しながらマウスホイールを前後に動かすと、大きさの微調整ができます。

困った度 ？？？

Q029 全画面表示を元に戻したい

A ▸ タブレットモードを解除し、通常のデスクトップモードに戻します。

1 表示をデスクトップモードに戻す

1 タスクバーの右端にある<通知>をクリックし、

2 <タブレットモード>をクリックしてオフにすると、

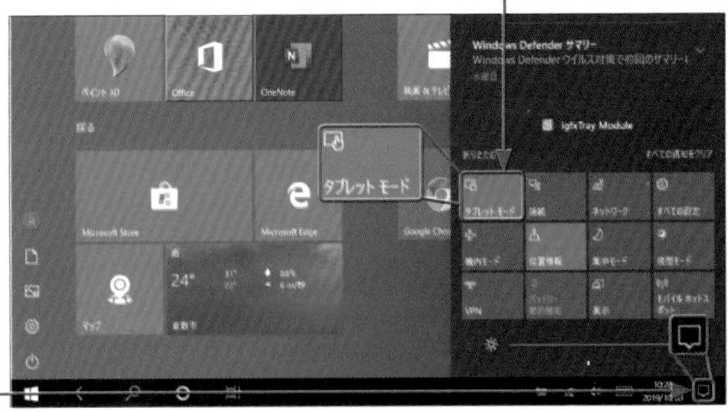

3 表示がデスクトップモードに戻ります。

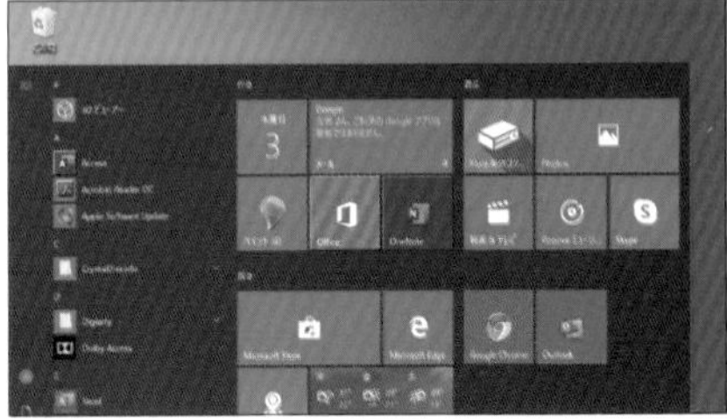

タブレットモードとは

タブレットモードとは、スタート画面を全画面で表示した状態のことです。タイルが大きくなることで、画面に直接触るタッチ操作がやりやすくなります。

困った度 ？？

Q030 サインインのパスワード入力を簡単にしたい

A ▸ サインインの方法を、パスワードからPIN（4ケタ以上の数字）の入力へと変更しましょう。

1 PINでサインインする

P.22を参照して「設定」画面を表示し、画面左で<アカウント>→<サインインオプション>をクリックします。

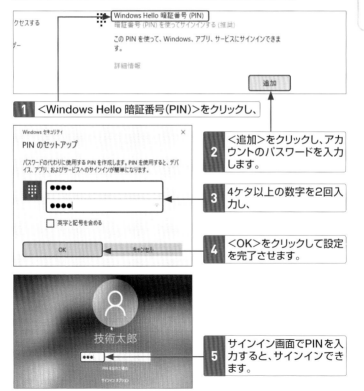

1 <Windows Hello 暗証番号(PIN)>をクリックし、

2 <追加>をクリックし、アカウントのパスワードを入力します。

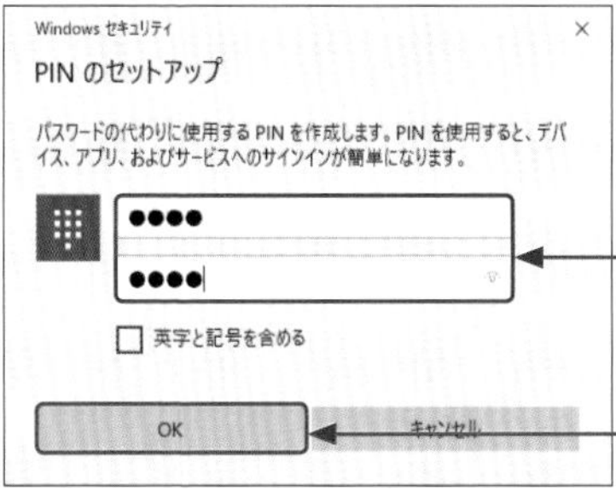

3 4ケタ以上の数字を2回入力し、

4 <OK>をクリックして設定を完了させます。

5 サインイン画面でPINを入力すると、サインインできます。

困った度 ？？？

Q031 タスクバーが出たり消えたりする

A ▸ <タスクバーを自動的に隠す>のチェックを外すと、タスクバーが常時表示されます。

1 タスクバーの非表示を解除する

<タスクバーを自動的に隠す>がオンになっている場合は、マウスポインターを画面下部に移動させると、タスクバーが表示されます。

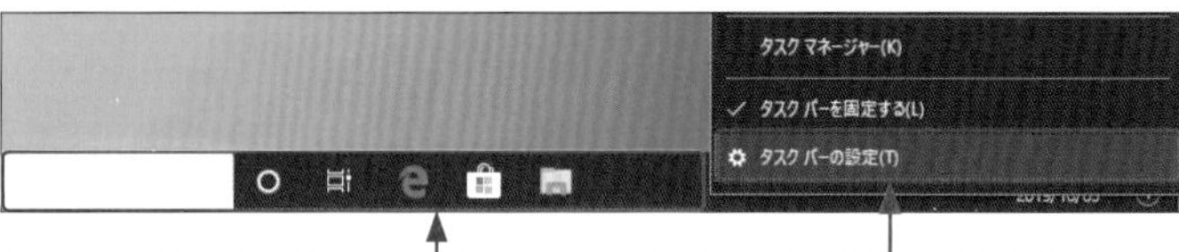

1 マウスポインターを画面下に移動させ、タスクバーを表示してから右クリックし、

2 <タスクバーの設定>をクリックします。

3 <デスクトップモードでタスクバーを自動的に隠す>をクリックしてオフにします。

4 以降はデスクトップモードで常にタスクバーが表示されます。

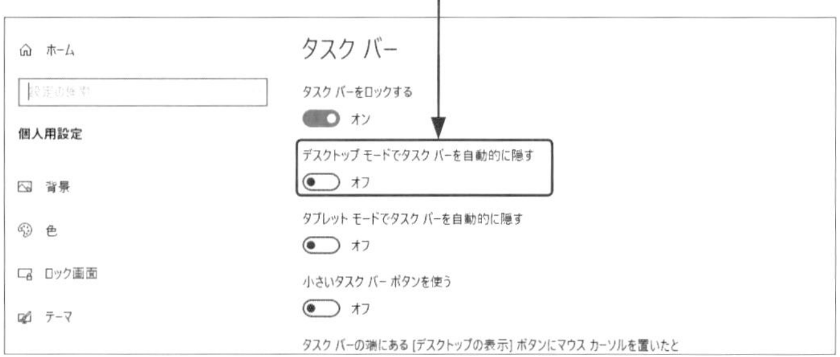

タスクバーの幅や位置を変える

手順2の画面で<タスクバーを固定する>のチェックを外すと、マウスのドラッグ操作でタスクバーの幅や位置を変えることができます。

困った度 ？ ？

通知がたくさん届くので減らしたい

A ▶ 「設定」の<通知とアクション>から、指定したアプリの通知をオフに変更しましょう。

1 アプリごとに通知をオフにする

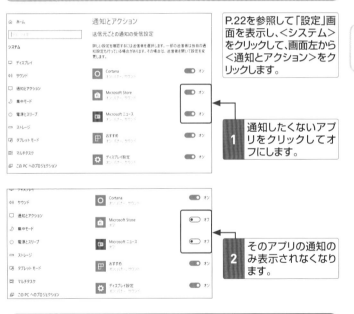

P.22を参照して「設定」画面を表示し、<システム>をクリックして、画面左から<通知とアクション>をクリックします。

1 通知したくないアプリをクリックしてオフにします。

2 そのアプリの通知のみ表示されなくなります。

より詳細に通知の設定を行う

手順1の画面でアプリ名をクリックすると、より詳細な通知設定を変更できます。たとえば、通知バナーは表示したくないけれどアクションセンターへの通知は表示したいという場合など、通知に条件を付けて設定できるためさまざまなシーンで役立ちます。

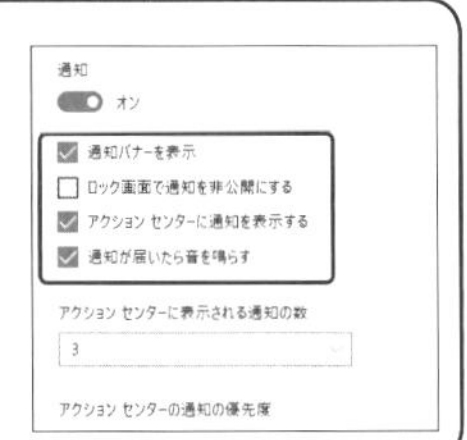

困った度 ？？

Q 033 ウィンドウをドラッグしたら形が変わった

「設定」画面からスナップ機能をオフにすると、ドラッグしてもウィンドウの形が変わりません。

1 スナップ機能をオフにする

1 デスクトップ画面を右クリックし、

2 ＜ディスプレイ設定＞をクリックします。

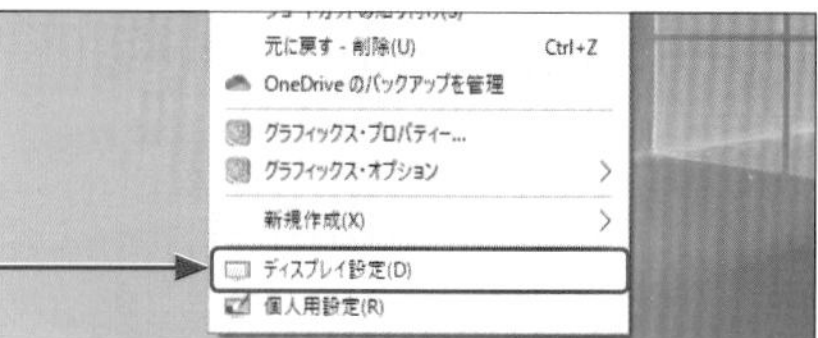

3 ＜マルチタスク＞をクリックし、

4 ＜ウィンドウのスナップ＞をクリックしてオフにします。

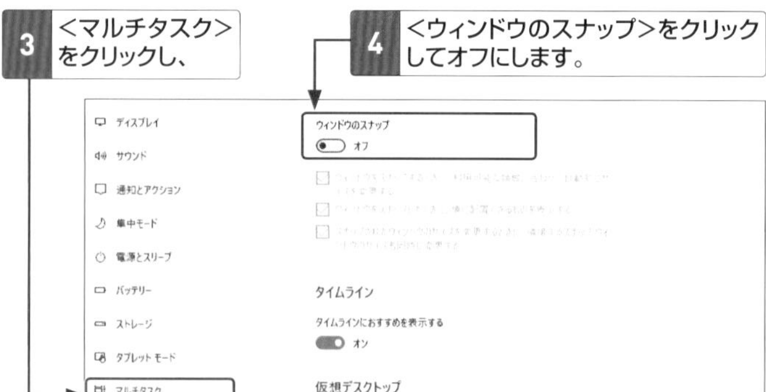

5 以降はアプリの画面を画面片隅にドラッグしても、サイズは変更されなくなります。

スナップ機能とは？

初期状態のウィンドウズ10では、アプリのウィンドウを画面の片隅にドラッグすると、ウィンドウのサイズが自動的に画面の半分や1/4のサイズに変更されます。これをスナップ機能といいます。

困った度 ？？？

034 画面からはみ出したウィンドウを移動したい

タスクバーにあるアプリのアイコンをクリックして、ウィンドウを見やすい位置に移動します。

1 ウィンドウを見やすい位置に移動する

ウィンドウが画面下に隠れています。

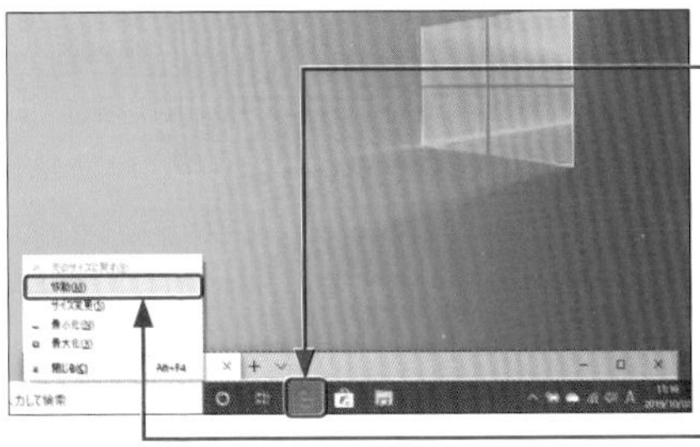

1 タスクバーにあるアプリのアイコンをクリックし、

2 Alt+Space キーを押したあと、

3 <移動>をクリックします。

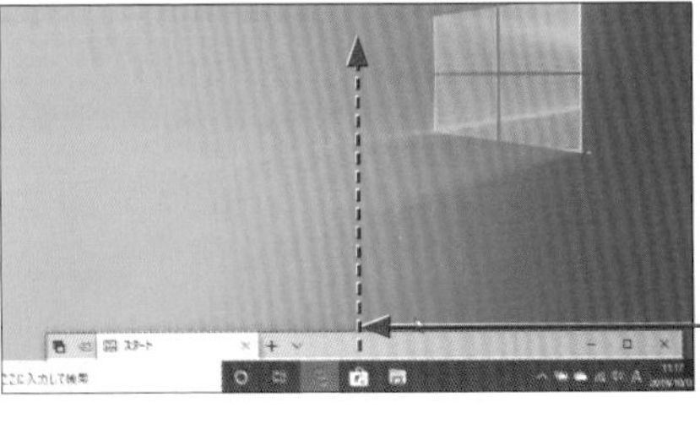

マウスポインターの形が十字型に変わります。

4 ←、↑、→、↓キーのいずれかを何回か押したあと、

5 ウィンドウをドラッグすると、

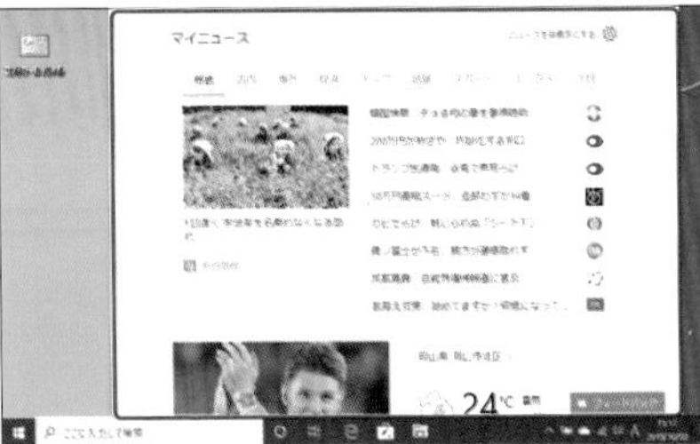

6 ウィンドウが見やすい位置まで移動できます。

困った度 ？？？

Q 035 アプリを終了するにはどうすればいいの？

ウィンドウ上部のタイトルバーの<閉じる>ボタンをクリックすれば、アプリを終了できます。

1 タイトルバーからアプリを終了する

デスクトップ上でアプリが起動しています。

1 メニューから<終了>を選択するか、ウィンドウ右上の<閉じる>ボタンをクリックすると、

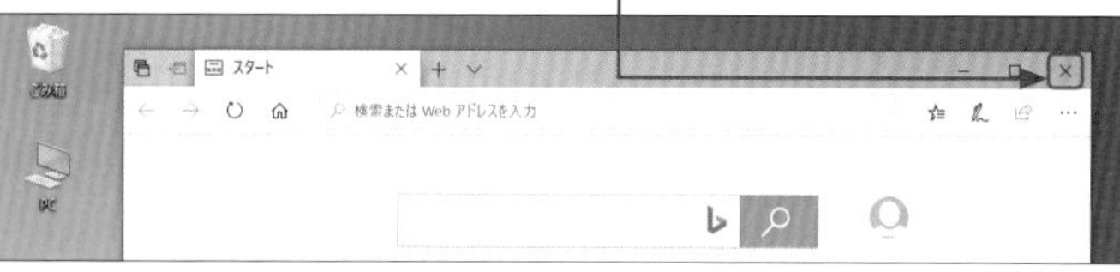

2 アプリが終了します。

Edgeやエクスプローラーなど一部のアプリは、アプリ終了後もタスクバーにアイコンが表示されます。

タスクバーから終了する

タスクバーのアイコンを右クリックし、<（すべての）ウィンドウを閉じる>をクリックしても、アプリを終了できます。

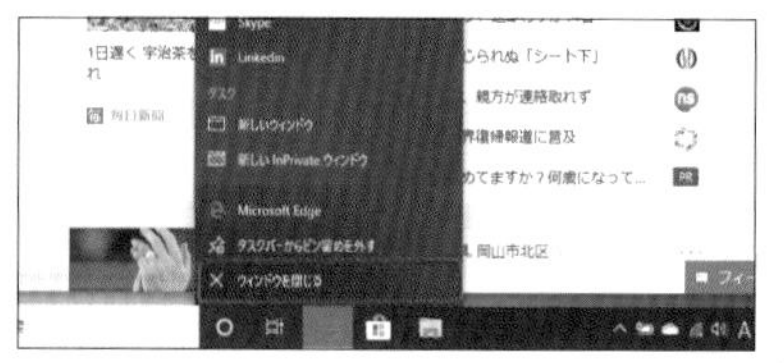

ファイルとフォルダーで

Q 036 ファイルやフォルダーを移動したい

ドラッグ＆ドロップやエクスプローラー上部にあるリボンを利用し移動の操作を行います。

1 ドラッグ&ドロップして移動する

1 ファイルやフォルダーをクリックし、

2 移動先にドラッグ&ドロップします。

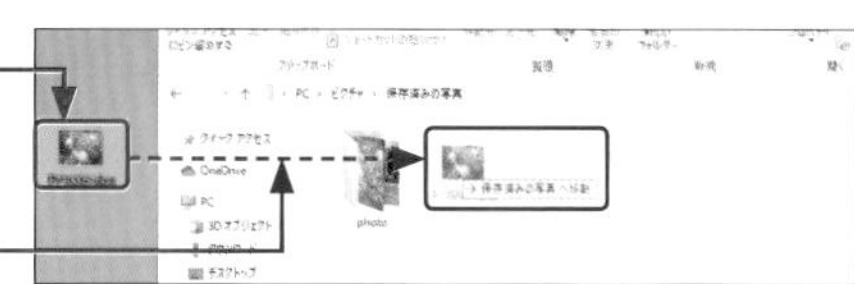

2 リボンのメニューを利用して移動する

1 エクスプローラーを起動します。

2 <リボンの展開>をクリックしてリボンを表示します。

3 ファイルやフォルダーを選択し、

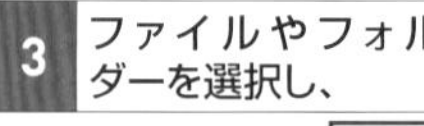

4 リボンの<移動先>をクリックして、

5 一覧から移動先を選択します。

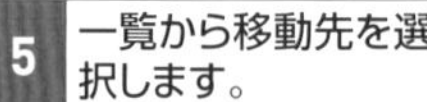

エクスプローラーとは

エクスプローラーは、ファイルを管理するためのアプリです。画面上部のツールバーのセットを「リボン」といい、並び替えなどもここから行います（P.69参照）。

困った度 ？？？

Q 037 ファイルをコピーしたい

A ▶ ファイルを選択し、リボンの<コピー>をクリックします。

1 リボンのメニューを利用してコピーする

P.62を参照し、エクスプローラーのリボンを表示します。

1 ファイルを選択して、

2 <コピー>をクリックします。

コピーしたい場所を表示します。

3 <貼り付け>をクリックすると、

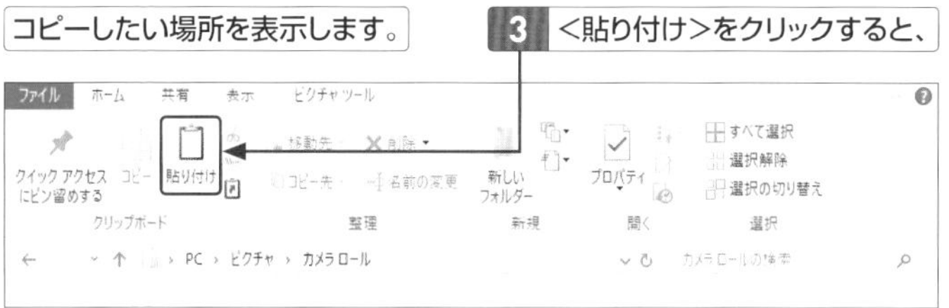

PART 3 ファイルとフォルダーで困った！

困った度 ??

Q 038 複数のファイルを同時に選択したい

A ▶ Ctrl + A キーを押すか、Ctrl キーを押しながらファイルをクリックします。

1 すべてのファイルを選択する

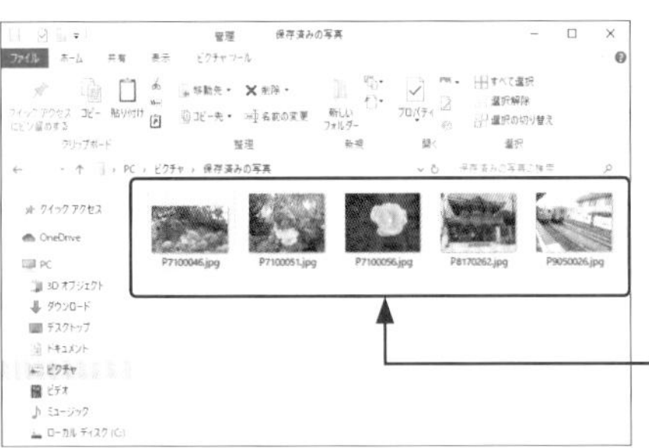

1 フォルダー内で Ctrl + A キーを押すと、

2 フォルダー内のすべてのファイルが選択された状態になります。

2 特定のファイルを選択する

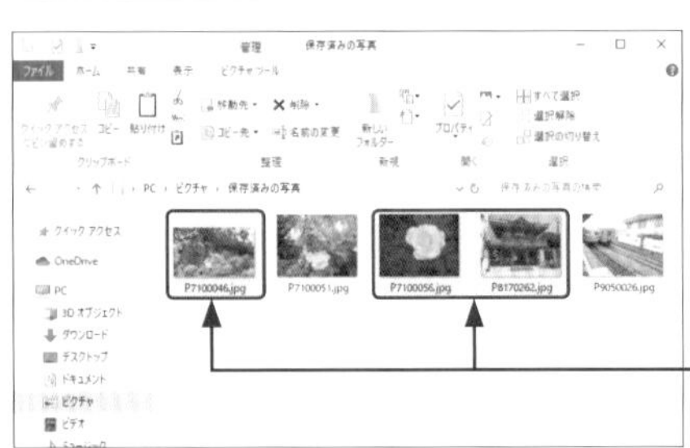

1 Ctrl キーを押しながら、ファイルをクリックすると、

2 特定のファイルが選択された状態になります。

連続したファイルを選択する

複数の連続したファイルを選択するには、最初のファイルをクリックしたあと Shift キーを押しながら選択したい最後のファイルをクリックします。

困った度 ？？？

Q039 ファイル名を変更したい

A ▶ ＜ホーム＞タブの＜名前の変更＞からファイル名を変更することができます。

1 リボンのメニューを利用しファイル名を変更する

P.62を参照し、エクスプローラーのリボンを表示します。

1 ファイルを選択して、

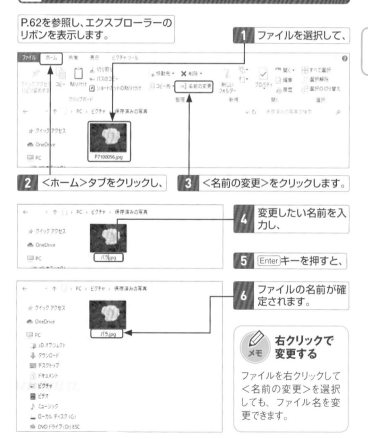

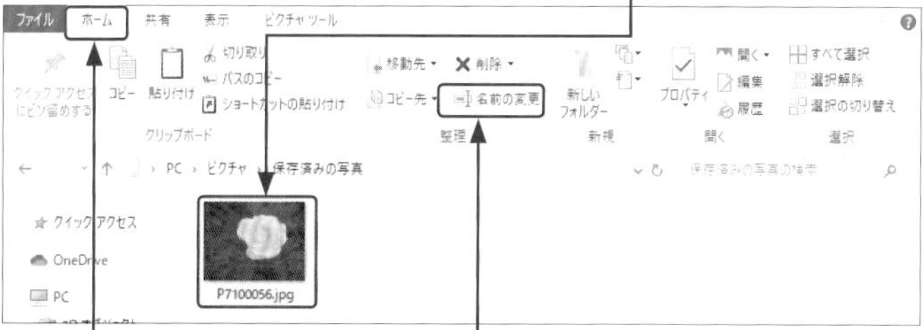

2 ＜ホーム＞タブをクリックし、

3 ＜名前の変更＞をクリックします。

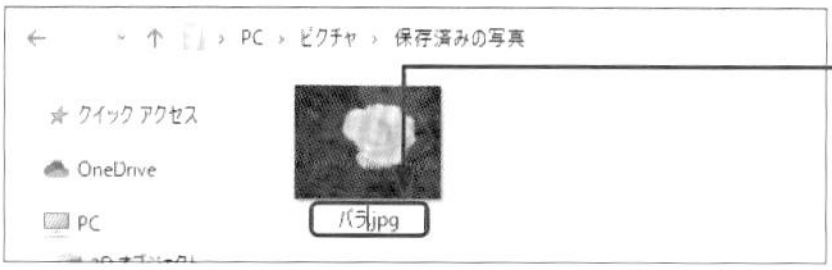

4 変更したい名前を入力し、

5 Enterキーを押すと、

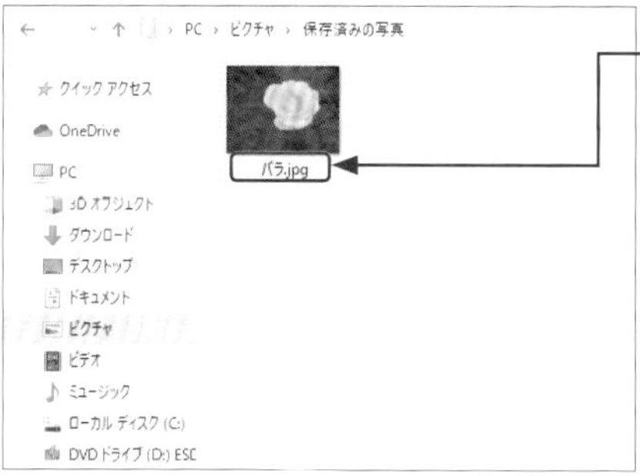

6 ファイルの名前が確定されます。

メモ 右クリックで変更する

ファイルを右クリックして＜名前の変更＞を選択しても、ファイル名を変更できます。

困った度 ？？？

Q 040 フォルダーを作って整理したい

任意の箇所を右クリックし、メニューから新しいフォルダーを作成します。

1 右クリックでフォルダーを作成する

1 任意の箇所を右クリックし、

2 ＜新規作成＞をクリックして、

3 ＜フォルダー＞をクリックします。

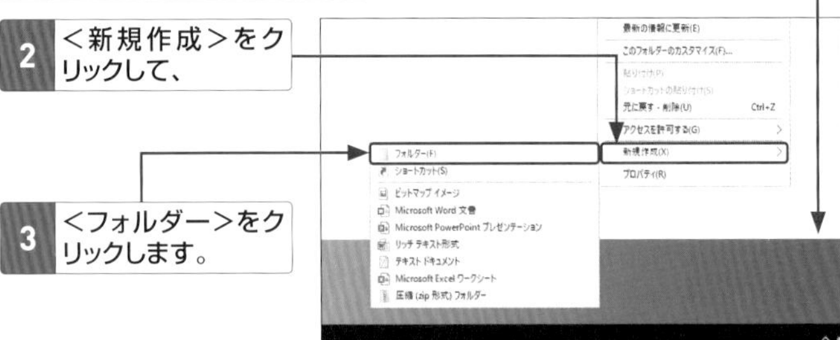

新しいフォルダーが作成されます。

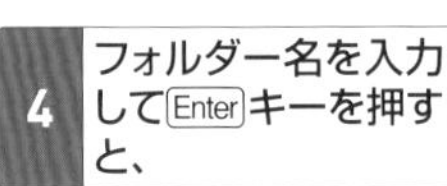

4 フォルダー名を入力して Enter キーを押すと、

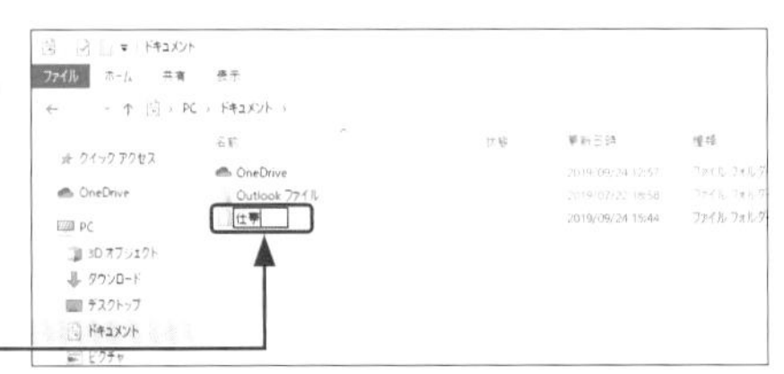

5 名前が確定されます。

メモ ファイルを移動する

作成したフォルダーにファイルを移動する方法は、P.62を参照しましょう。

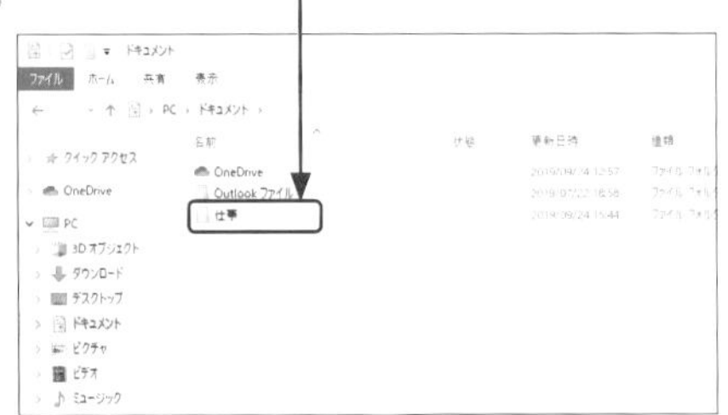

困った度 ？？

フォルダーを新しいウィンドウで開きたい

右クリックして＜新しいウィンドウ＞を選ぶか、Ctrl キーを押しながらダブルクリックします。

1 右クリックで新しいウィンドウを開く

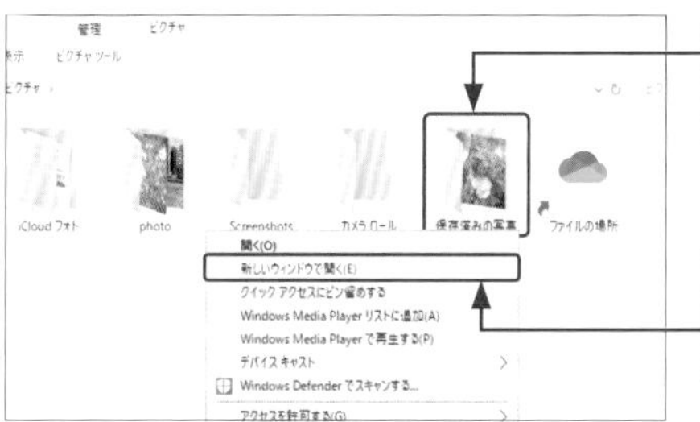

1 エクスプローラー内のフォルダーを右クリックし、

2 ＜新しいウィンドウで開く＞をクリックします。

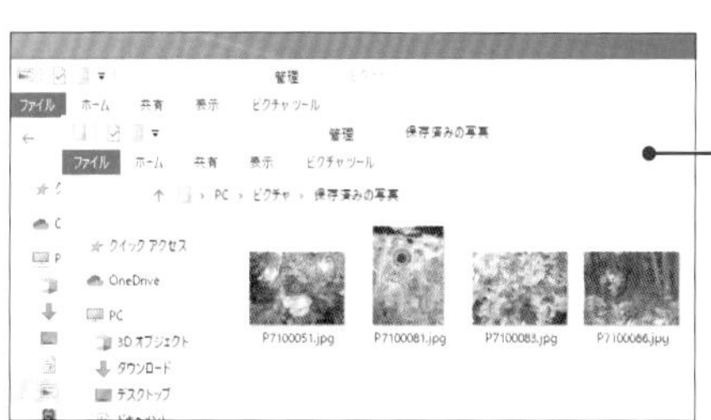

3 新しいウィンドウが開きます。

フォルダーを常に新しいウィンドウで開く

エクスプローラーの＜表示＞タブで＜オプション＞をクリックし、＜全般＞タブの＜フォルダーを開くたびに新しいウィンドウを作る＞を選択して＜OK＞をクリックすると、フォルダーを常に新しいウィンドウで開けます。

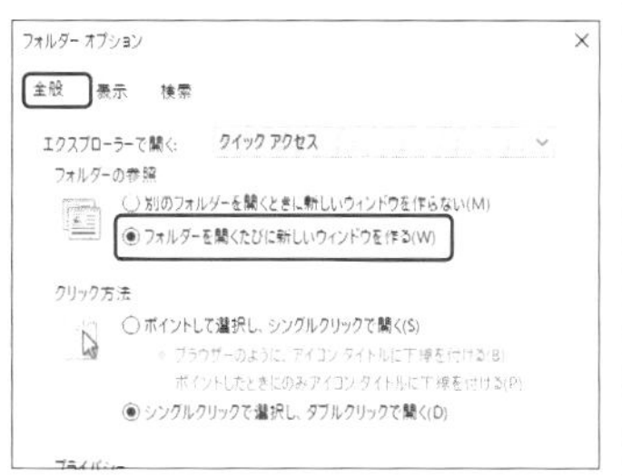

困った度 ???

Q 042 ファイルやフォルダーを見やすく表示したい

A ▶ ウィンドウ右下のアイコンをクリックして、表示を切り替えましょう。

1 エクスプローラーの表示を切り替える

初期状態ではリスト形式でファイルが表示されます。

1 ウィンドウ右下の<大きい縮小版を使って項目を表示します。>をクリックします。

2 ファイルのアイコンが大きくなります。

<表示>タブから切り替える

エクスプローラーで<表示>タブをクリックしたあと、<レイアウト>の項目から任意のアイコンの大きさに切り替えることもできます。

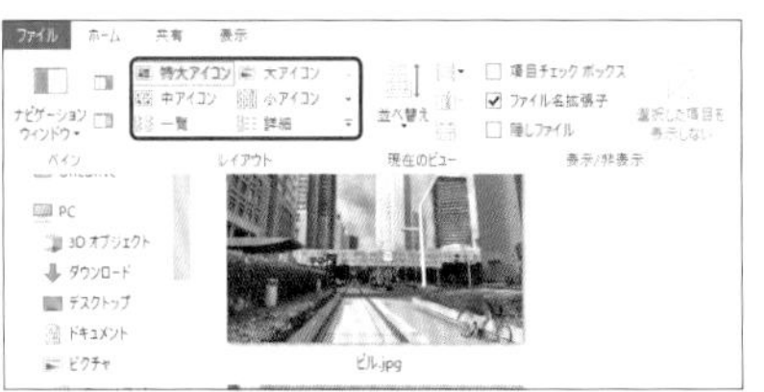

困った度 ？？

一番新しいファイルがどれかわからない

エクスプローラーの<表示>タブから、ファイルを日付順に並び替えましょう。

1 日付順にファイルを並べ替える

エクスプローラーを起動します。

1 <表示>タブをクリックして、

2 <並べ替え>をクリックします。

3 <日付時刻>をクリックすると、

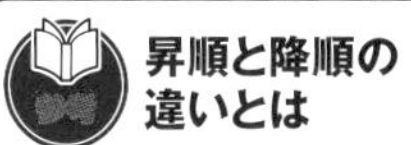

手順3の画面で<昇順>をクリックすると日付が新しい順に、<降順>をクリックすると日付が古い順に並びます。

名前	日付時刻	種類	サイズ
ビル.jpg	2019/09/15 13:16	JPG ファイル	3,537 KB
道路.jpg	2019/09/15 12:27	JPG ファイル	3,118 KB
電車.jpg	2019/09/05 11:29	JPG ファイル	1,501 KB
寺.jpg	2019/08/17 13:27	JPG ファイル	1,210 KB
川沿い.jpg	2019/08/10 14:35	JPG ファイル	2,059 KB
神社.jpg	2019/07/10 13:18	JPG ファイル	4,237 KB

4 ファイルが日付順に並びます。

困った度 ?

Q 044 ファイルの拡張子を表示したい

エクスプローラーの<表示>タブで、拡張子を表示できるように設定します。

1 拡張子の表示を有効にする

エクスプローラーを起動します。

1 <表示>タブをクリックし、

2 <ファイル名拡張子>をクリックしてチェックを付けます。

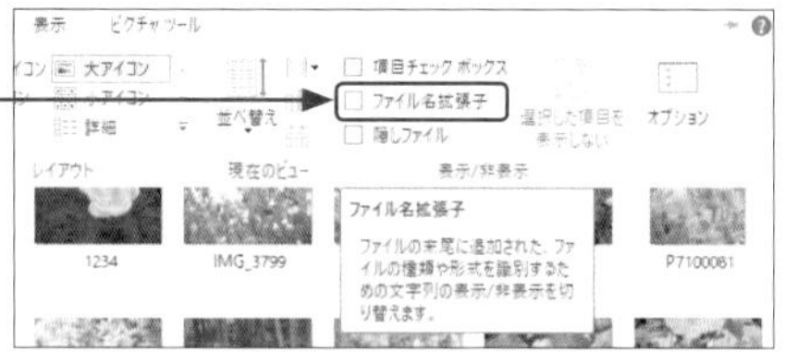

3 ファイルの末尾に拡張子が表示されます。

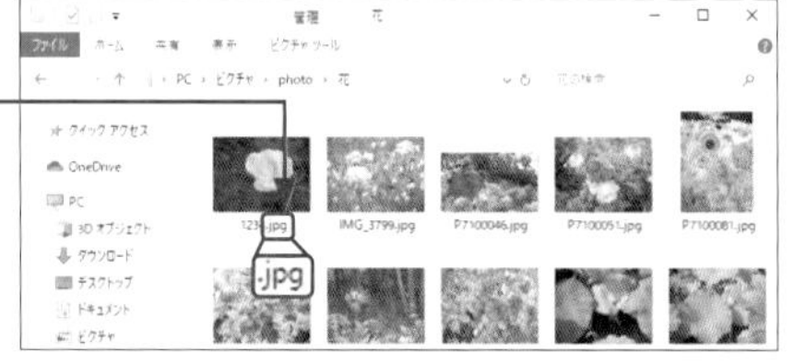

拡張子とは

拡張子とは、ファイル名の末尾に付く「.(ドット)」+「3文字程度の英数文字列」のことです。ウィンドウズ10の初期設定では非表示になっています。

困った度 ？？？

Q 045 ファイルを間違って削除してしまった

ごみ箱を開いたあと、削除してしまったファイルを見つけて元に戻しましょう。

1 削除したファイルを元に戻す

デスクトップで「ごみ箱」のアイコンをダブルクリックし、中身を表示します。

1 元に戻したいファイルやフォルダーを右クリックし、

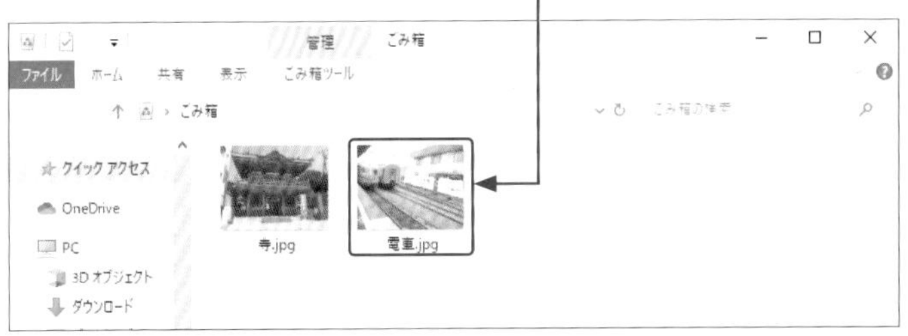

2 ＜元に戻す＞をクリックすると、元の場所に再保存されます。

外部メモリーの場合

USBメモリーなどのメディアに保存したファイルやフォルダーを削除した場合は、「ごみ箱」に移動されず、完全に削除されます。

困った度 ？？

Q 046 ファイル削除時に確認画面を出したい

A ＜ごみ箱のプロパティ＞で、＜削除の確認メッセージを表示する＞を有効に切り替えます。

1 確認メッセージを表示させる

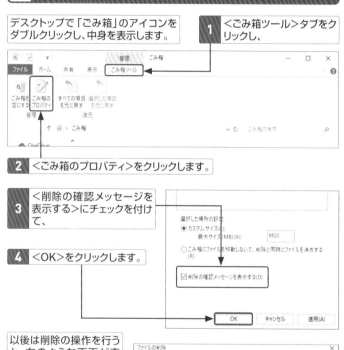

デスクトップで「ごみ箱」のアイコンをダブルクリックし、中身を表示します。

1 ＜ごみ箱ツール＞タブをクリックし、

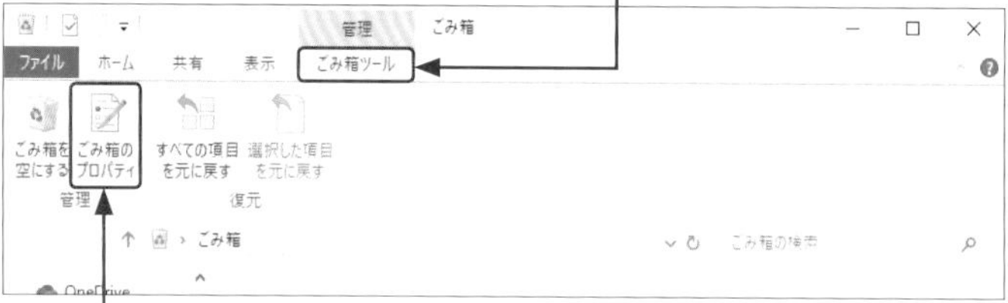

2 ＜ごみ箱のプロパティ＞をクリックします。

3 ＜削除の確認メッセージを表示する＞にチェックを付けて、

4 ＜OK＞をクリックします。

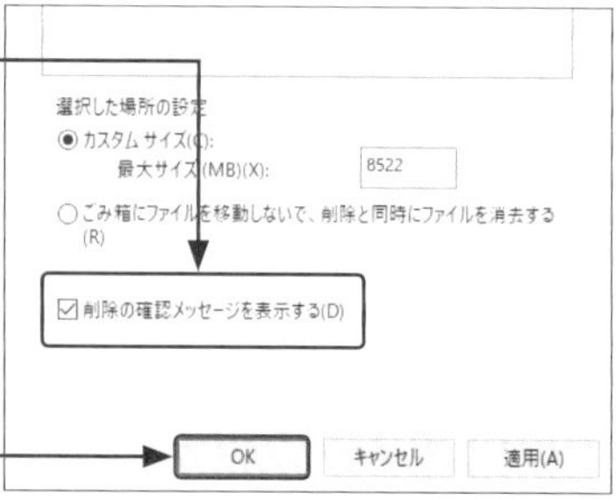

以後は削除の操作を行うと、右のような画面が表示されます。

5 ＜いいえ＞をクリックすれば、削除をキャンセルできます。

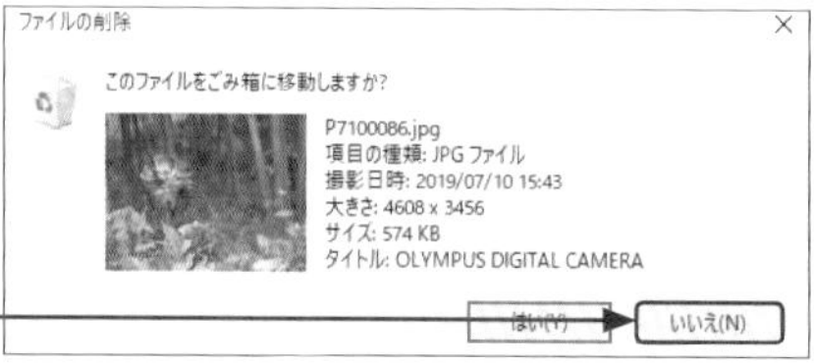

困った度 ？？

Q 047 圧縮ファイルはどうやって開くの？

圧縮されたファイルを右クリックし、<すべて展開>をクリックしましょう。

1 圧縮ファイルを展開する

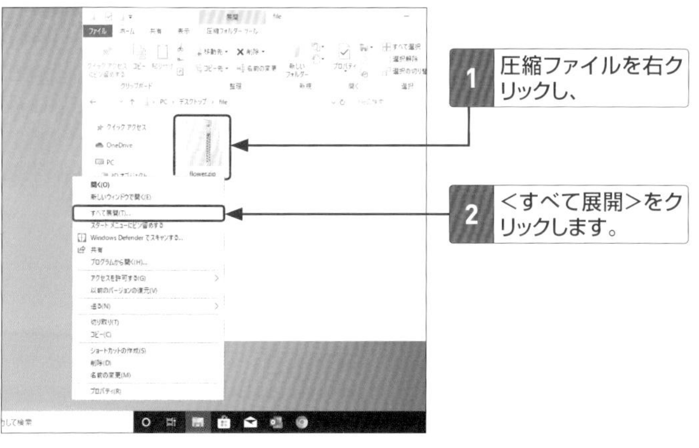

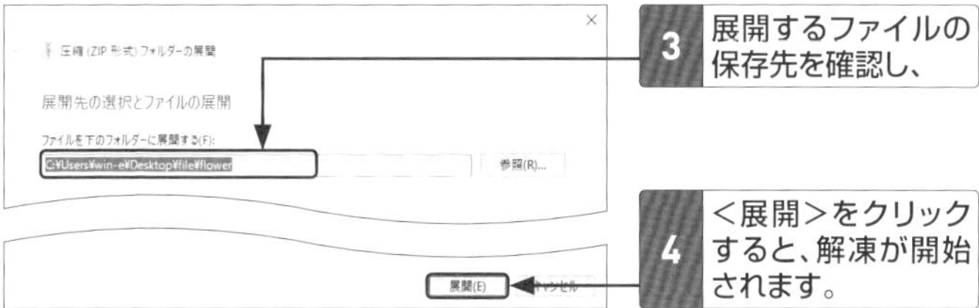

展開する場所を変更する

展開するファイルの保存先を変更する場合は、手順3の画面で<参照>をクリックしてほかの場所を指定します。

困った度 ？？？

Q048 ファイルやフォルダーを圧縮したい

A ▶ 圧縮したいファイルやフォルダーを右クリックして、<送る>→<圧縮>をクリックしましょう。

1 右クリックして圧縮する

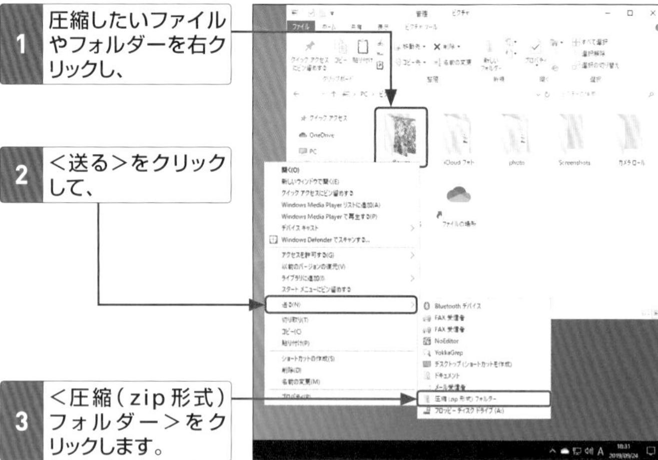

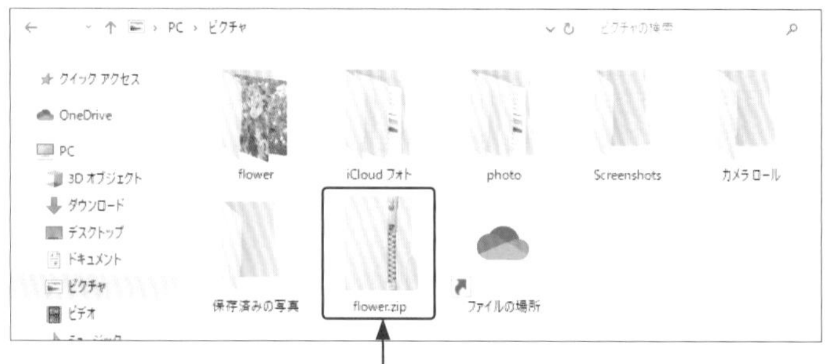

PART 4

マウス・キーボード・文字入力で困った!

困った度 ？？

Q049 ダブルクリックがうまくできない

A ▶ コントロールパネルの「マウスのプロパティ」画面で、ダブルクリックの速度を調節しましょう。

1 ダブルクリックの速度を調整する

P.23を参照し、コントロールパネルを表示します。

1 <ハードウェアとサウンド>をクリックし、

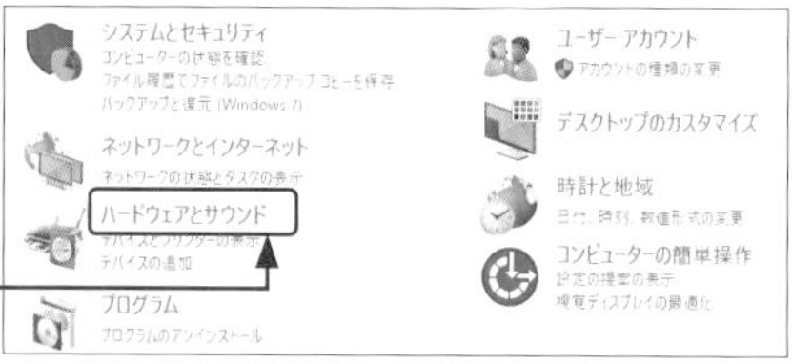

2 <マウス>をクリックします。

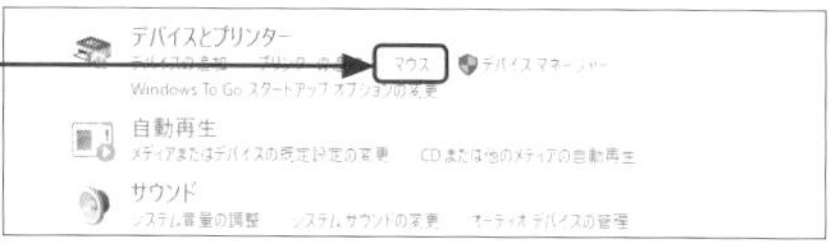

「マウスのプロパティ」画面が開きます。

3 <ボタン>タブをクリックして、

4 「ダブルクリックの速度」のスライダーを左右にドラッグし、

5 フォルダーをダブルクリックして速度を確認します。

6 <OK>をクリックします。

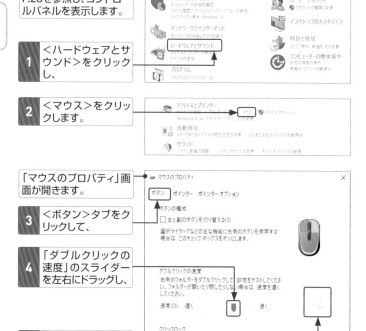

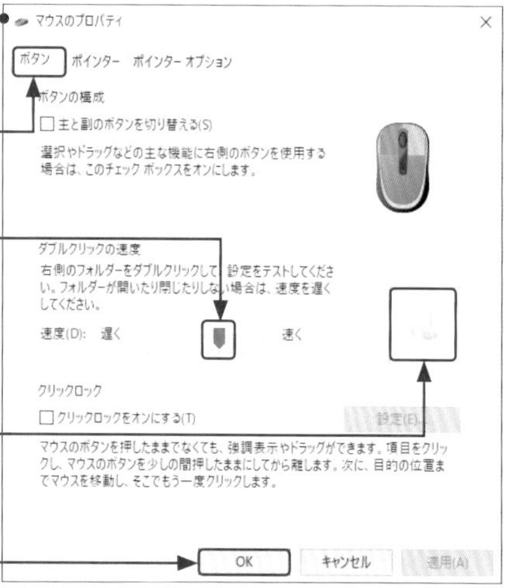

困った度 ? ?

Q050 ドラッグがうまくできない

A ▶ マウスのクリックロックをオンにすると、マウスを押し続けることなく、ドラッグ操作を行えます。

1 クリックロックをオンにする

コントロールパネルを表示し、P.76の手順1～2を参照して「マウスのプロパティ」画面を表示します。

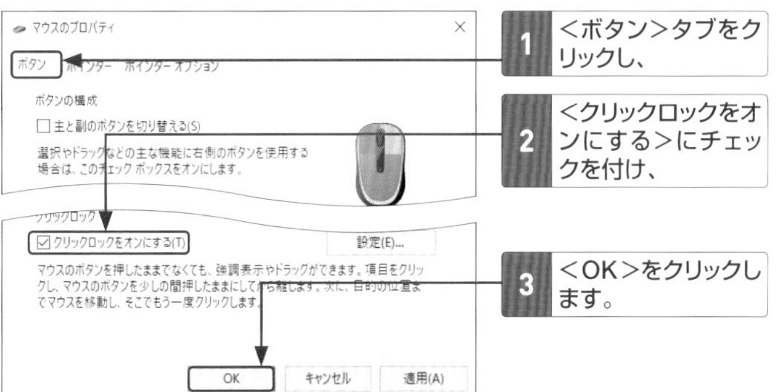
マウスのプロパティ
ボタン
ポインター
ポインター オプション
ボタンの構成
主と副のボタンを切り替える(S)
選択やドラッグなどの主な機能に右側のボタンを使用する場合は、このチェック ボックスをオンにします。
クリックロック
クリックロックをオンにする(T)
設定(E)...
マウスのボタンを押したままでなくても、強調表示やドラッグができます。項目をクリックし、マウスのボタンを少しの間押したままにしてから離します。次に、目的の位置までマウスを移動し、そこでもう一度クリックします。
OK
キャンセル
適用(A)

1 <ボタン>タブをクリックし、

2 <クリックロックをオンにする>にチェックを付け、

3 <OK>をクリックします。

2 マウスの操作

1 上記を設定後、移動したいファイルをクリックし、マウスを少し押したままにして、指を離します。

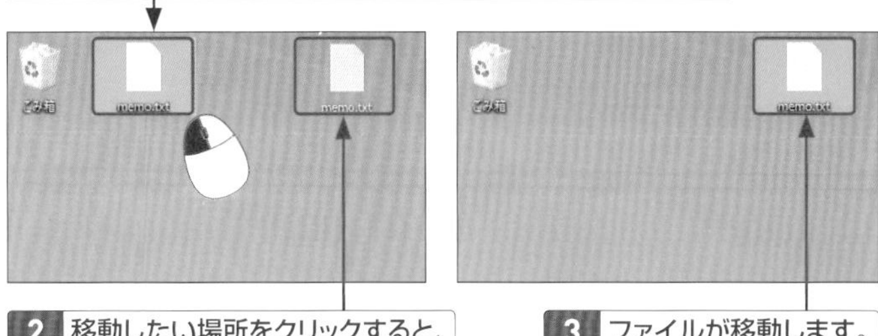
ごみ箱
memo.txt
memo.txt
ごみ箱
memo.txt

2 移動したい場所をクリックすると、

3 ファイルが移動します。

困った度 ？？

Q 051 マウスポインターをもっと大きくしたい

A ▶ 「マウスのプロパティ」画面でマウスポインターのデザインを変更することができます。

1 マウスポインターのデザインを変更する

コントロールパネルを表示し、P.76の手順1～2を参照して「マウスのプロパティ」画面を表示します。

1 ＜ポインター＞タブをクリックし、

2 「デザイン」の ⌄ をクリックして、

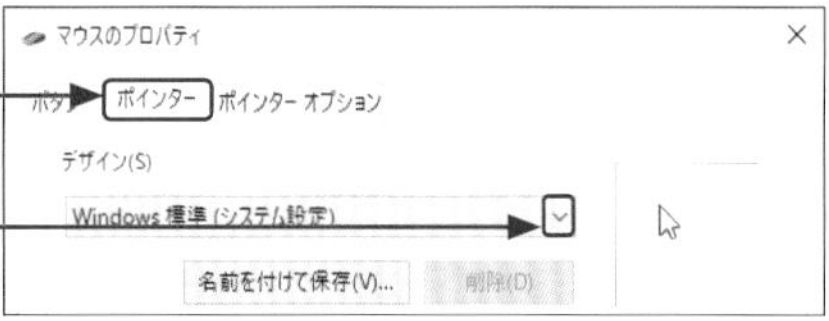

3 ＜Windows標準（大きいフォント）（システム設定）＞を選択し、

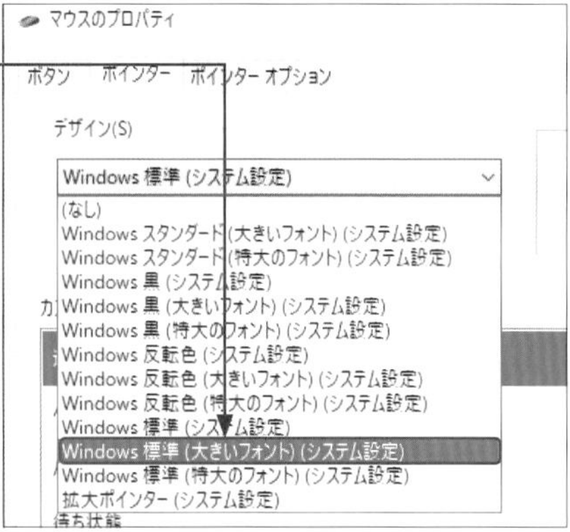

4 ＜OK＞をクリックします。

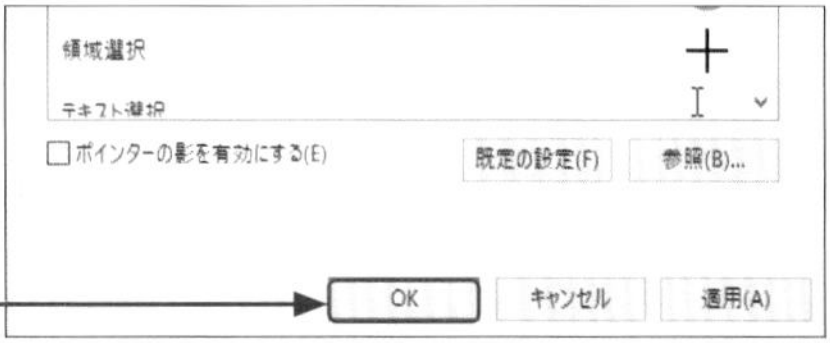

+α 特大サイズにしたい

マウスポインターを最大まで大きくしたい場合は、右の画面で＜Windows標準（特大のフォント）（システム設定）＞を選びます。

困った度 ？？

Q052 タッチパッドで誤操作してしまった

A ▸ 「マウスのプロパティ」画面でノートパソコンのタッチパッドをオフに設定します。

1 タッチパッドをオフにする

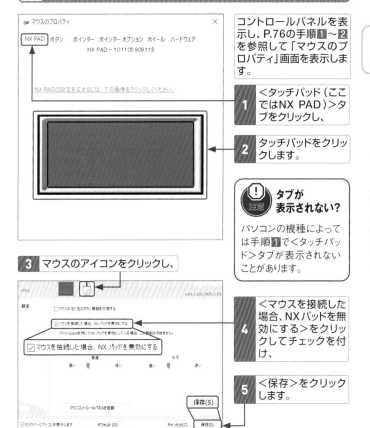

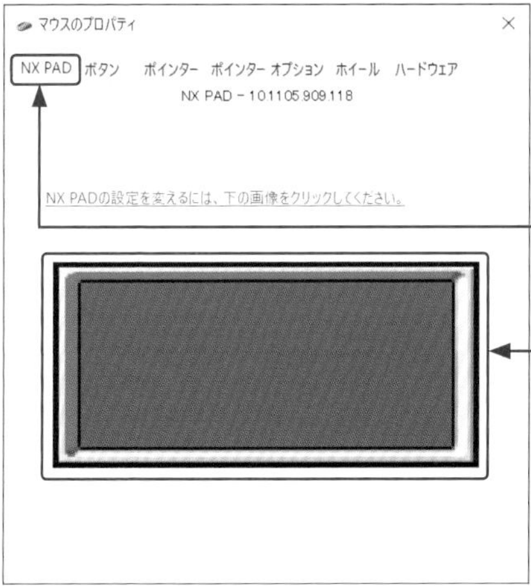

コントロールパネルを表示し、P.76の手順1～2を参照して「マウスのプロパティ」画面を表示します。

マウスのプロパティ
NX PAD ボタン ポインター ポインター オプション ホイール ハードウェア
NX PAD - 10.1105.909.118
NX PADの設定を変えるには、下の画像をクリックしてください。

1 <タッチパッド（ここではNX PAD）>タブをクリックし、

2 タッチパッドをクリックします。

注意 タブが表示されない？

パソコンの機種によっては手順1で<タッチパッド>タブが表示されないことがあります。

3 マウスのアイコンをクリックし、

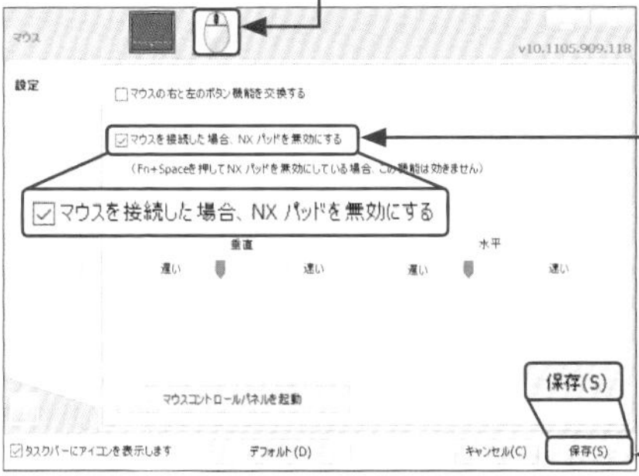

マウス v10.1105.909.118
設定
マウスの右と左のボタン機能を交換する
マウスを接続した場合、NX パッドを無効にする
（Fn+Spaceを押してNX パッドを無効にしている場合、この機能は効きません）
垂直 水平
遅い 速い 遅い 速い
マウスコントロールパネルを起動
タスクバーにアイコンを表示します デフォルト(D) キャンセル(C) 保存(S)

4 <マウスを接続した場合、NXパッドを無効にする>をクリックしてチェックを付け、

5 <保存>をクリックします。

Q053 キーボードのF1キーやF2キーは何に使うの？

ファンクションキーといい、F1～F12まで、さまざまな役割が割り当てられています。

1 ファンクションキーの各機能

キー	機能
F1	ヘルプを表示することができます。
F2	選択しているファイルやフォルダーの名前を変更できます。
F3	検索メニューを表示します。Webブラウザーを表示している状態で押すと、ページ内検索を行えます。
F4	EdgeやIEでWebページを表示している状態で押すと、アドレスバーを表示できます。
F5	EdgeやIEでWebページを表示している状態で押すと、最新の状態に更新されます。
F6	文字の入力中に押すと、ひらがなに変換できます。
F7	文字の入力中に押すと、全角カタカナに変換できます。
F8	文字の入力中に押すと、半角カタカナに変換できます。
F9	文字の入力中に押すと、全角アルファベットに変換できます。
F10	文字の入力中に押すと、半角アルファベットに変換できます。
F11	表示中のウィンドウを全画面表示に切り替えます。再度押すと解除できます。
F12	ワードなどのOfficeソフトの表示中に押すと、<名前を付けて保存>を表示します。

ノートパソコンでファンクションキーを使う

ノートパソコンには、明るさ調節や音量調節など、ファンクションキーに優先される機能が表示されている場合があります。その場合、各ファンクションキーの機能は押しただけでは実行できませんが、Fnキーを押しながらファンクションキーを押すと実行できます。

Q054 突然画面にキーボードが表示された

A ▸ キーボード右上の<閉じる>をクリックして、タッチキーボードをオフにしましょう。

1 タッチキーボードを閉じる

タッチキーボードがオンになると、デスクトップの下部にキーボードが表示されます。

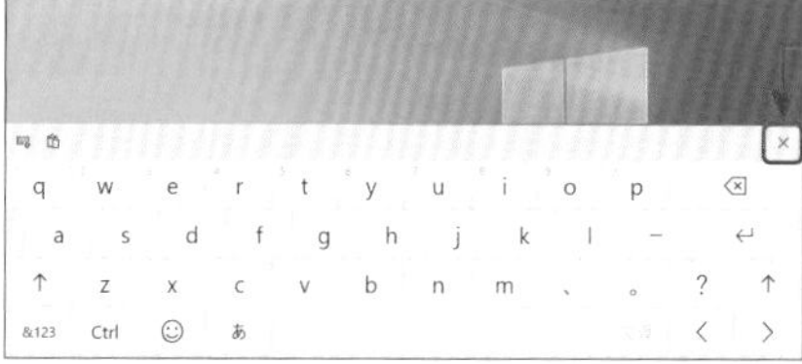

1 タッチキーボード右上の<閉じる>をクリックすると、

2 タッチキーボードが閉じます。

あの左にあるキーボード型のアイコンをクリックすると、再びタッチキーボードが表示されます。

タッチキーボードのボタンを非表示にする

タスクバーのキーボード型のアイコンを右クリックし、<タッチキーボードボタンを表示>のチェックを外すと、タッチキーボードのアイコンを非表示にできます。

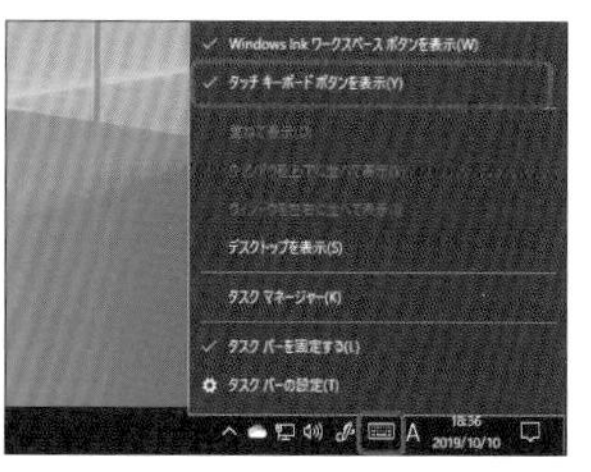

Q 055 テンキーを押しても数字が入力できない

A ▶ キーボードのNumLockがオンになっているか、確認してみましょう。

1 NumLockをオンにする

1 NumLockキーを押すと、

2 キーボードの「Num Lock」のランプが点灯し、テンキーで数字を入力できるようになります。

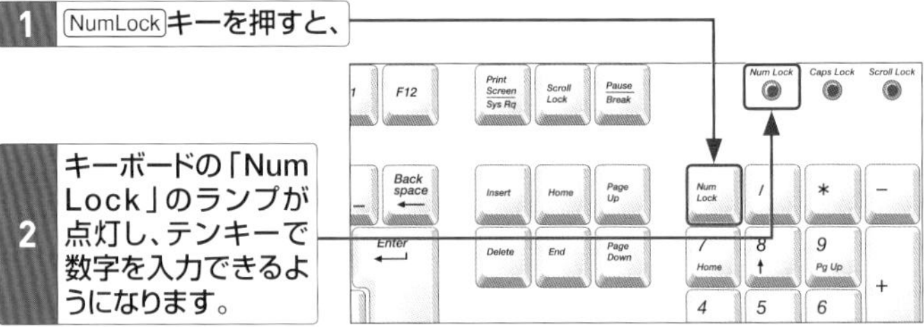

2 NumLockキーがない場合

1 NumlLockキーがないノートパソコンなどでは、Fn（またはShift）+F11キーを押すと、

2 Num Lockがオフになり、数字が入力できます。

NumLockキーとは？

テンキーのNumLock機能は、オンの場合は数字キーとなり、オフの場合はカーソル位置を上下左右などの方向キーになります。NumLockキーを押して、NumLock機能のオン／オフを切り替えます。

文字のキーを打っているのに数字が出る

A ▶ テンキーのないノートパソコンでは NumLock キーを押して、NumLock をオフにします。

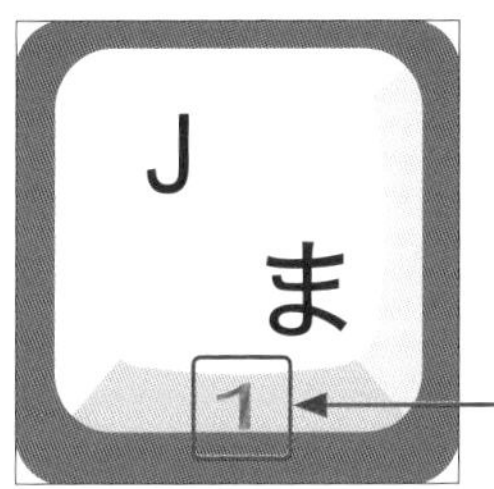

ノートパソコンなどテンキーのないキーボードでは、文字キーの一部がテンキーの代わりになります。

NumLock 機能がオンになっていると、キーに割り当てられている数字が入力されます。

1 NumLockをオフにする

1 Fn（または Shift）+ NumLock キーを押すと、NumLockがオフになり、

2 文字キーを押しても数字は入力されずに、文字が入力できます。

困った度 ？？

「~」（チルダ）や「_」（アンダーバー）を入力したい

それぞれ Shift キーを押しながら目的のキーを押すと入力できます。

1 「~」（チルダ）や「_」（アンダーバー）を入力する

<入力モード>を「半角英数」にします。

*無題 - メモ帳
ファイル(F) 編集(E) 書式(O) 表示(V) ヘルプ(H)
~

1 Shift+へキーを押すと、「~（チルダ）」を入力できます。

*無題 - メモ帳
ファイル(F) 編集(E) 書式(O) 表示(V) ヘルプ(H)
_

2 Shift+ろキーを押すと、「_（アンダーバー）」を入力できます。

半角／全角で入力する

<入力モード>を「ひらがな」「全角カタカナ」などにすると、全角のチルダやアンダーバーを入力できます。入力方法の切り替えはP.86を参照しましょう。

変換機能で入力することも可能

<入力モード>を「ひらがな」に設定し、「ちるだ」や「あんだー」を入力して変換キーを押すことでも、チルダやアンダーバーを入力できます。

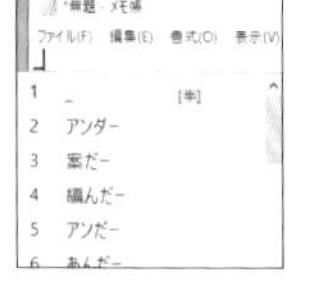

Q058 変換時の文節の区切りを変えたい

A ▶ 入力を確定させる前に Shift キーを押しながら ← キーを押して、文節を変更します。

1 文節を変更する

「今日花屋でバラを買った」と入力するつもりが、異なる文節で変換されています。

*無題 - メモ帳
ファイル(F)　編集(E)　書式(O)　表示(V)　ヘルプ(H)
今日は納屋でバラを買った

文節ごとに下線が引かれています。

1 Shift キーを押しながら ← キーで文節の区切りを変更し、スペース キーを押すと、

*無題 - メモ帳
ファイル(F)　編集(E)　書式(O)　表示(V)　ヘルプ(H)
きょうは納屋でバラを買った

2 正しい文節で変換されます。

*無題 - メモ帳
ファイル(F)　編集(E)　書式(O)　表示(V)　ヘルプ(H)
今日花屋でバラを買った

059 日本語が入力できない

日本語が入力できるモード（通常は「ひらがな」）に切り替えましょう。

1 日本語入力モードに切り替える

1 キーボードの半角/全角キーを押すと、

入力モードが「半角英数」になっています。

2 タスクバーの入力モードが「あ」（日本語入力）に切り替わります。

入力モードの切り替え

タスクバーの＜入力モード＞を右クリックして、メニューから＜ひらがな＞を選択する方法もあります。また、Shift+カタカナ/ひらがなキーを押すと、ひらがな入力からカナ入力に切り替えられます。

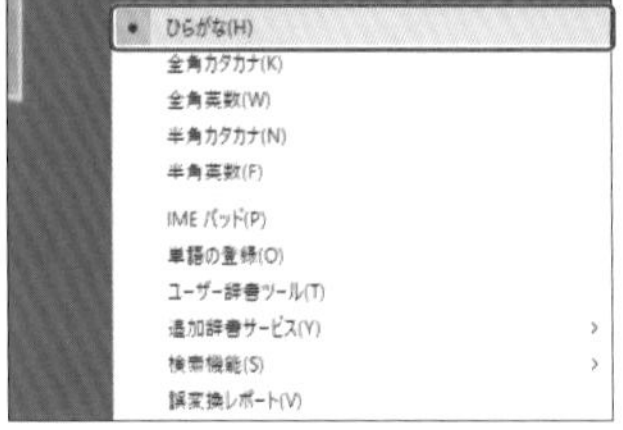

困った度 ？？？

ローマ字入力ではなく かな入力をしたい

A ▶ 日本語入力モードを「かな入力」モードに切り替えると、かな入力が可能になります。

1 かな入力に切り替える

1 Alt＋カタカナ ひらがなキーを押すと、

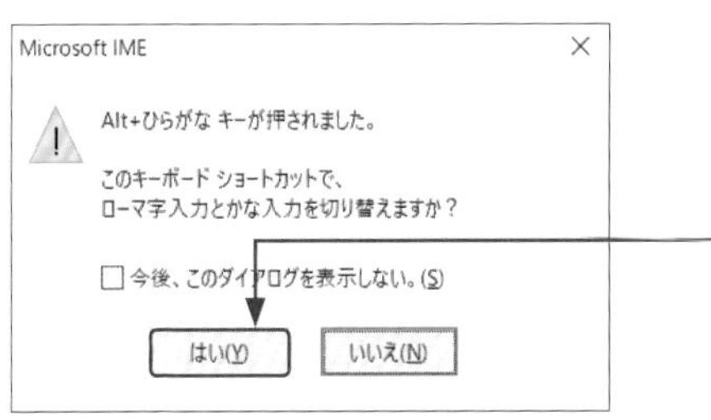

2 確認のメッセージが表示されるので、<はい>をクリックすると、<かな入力>に設定されます。

タスクバーから切り替える

タスクバーの<入力モード>を右クリックし、メニューから<ローマ字入力 / かな入力>→<かな入力>の順にクリックしても、<かな入力>に設定できます。

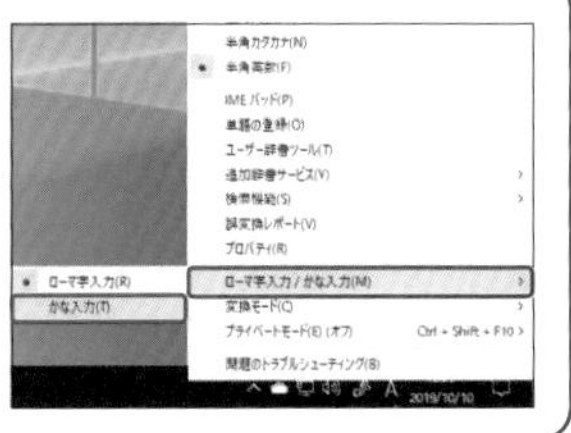

困った度 ？？？

突然カタカナで入力された

A ▶ 入力モードが「全角カタカナ」に変わったためです。入力モードを＜ひらがな＞に戻します。

1 ＜ひらがな＞に切り替える

*memo.txt - メモ帳
ファイル(F) 編集(E) 書式(O) 表示(V) ヘルプ(H)
貴社ますますご繁栄のこととお慶び申し上げます。コノタビ

文字の入力中に、突然カタカナで入力されました。

入力モードが「全角カタカナ」になっています。

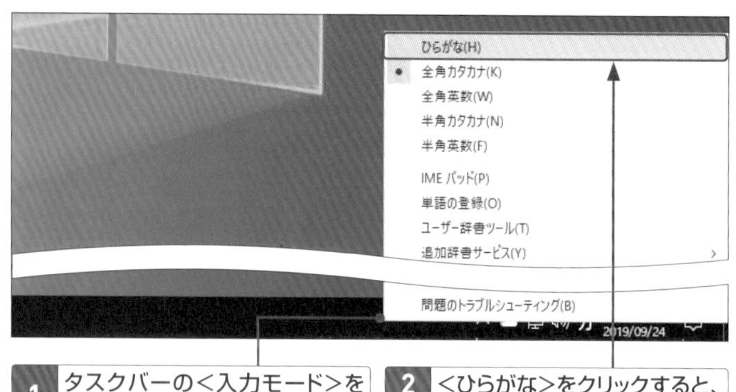

1 タスクバーの＜入力モード＞をクリックして、

2 ＜ひらがな＞をクリックすると、

3 入力モードが「あ」になり、ひらがな入力ができます。

Q062 丸数字を入力したい

A ▶ 数字を入力して 変換 （または スペース ）キーを押すと、丸数字を入力できます。

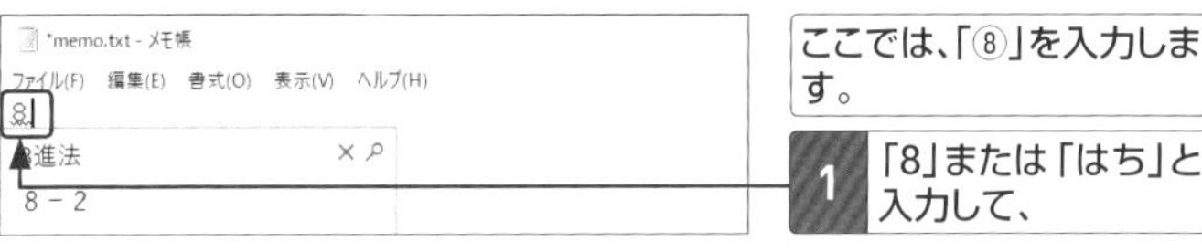

1 数字を入力して変換キーを押す

ここでは、「⑧」を入力します。

1 「8」または「はち」と入力して、

2 変換(または スペース)キーを押して、

3 変換候補に表示された「⑧」を選択して、Enterキーを押すと、

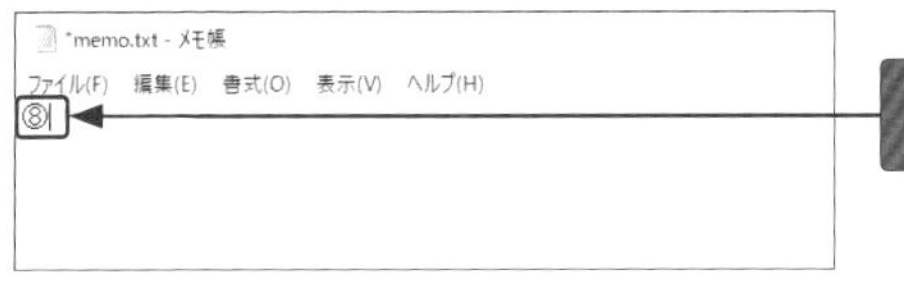

4 丸数字の「⑧」が入力されます。

環境依存文字に気をつける

パソコンの環境やOSの機能に依存した文字を環境依存文字といいます。「環境依存」と記された文字を使うと、異なるOSやスマートフォンの間でメールやデータをやりとりするときに、文字化けすることがあるので注意しましょう。

困った度 ？？？

Q063 小さい「っ」を入力したい

A ▶ 小さくしたい文字の前に、X または L キーを押します。

1 X キーを先に押してから文字を入力する

1 小さくしたい文字を入力する前に、X（または L）キーを押して、

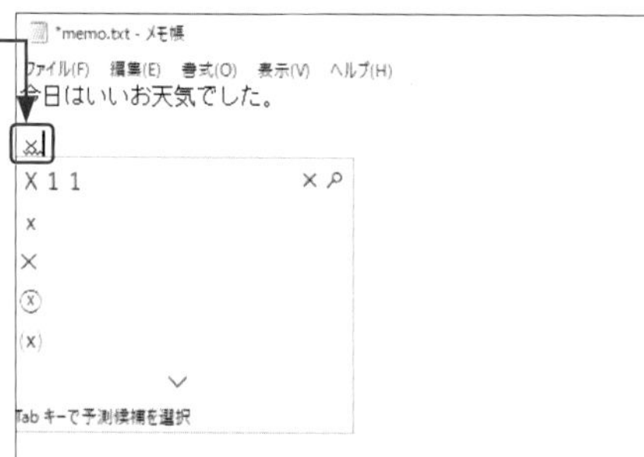

2 T U とキーを押すと、「っ」を入力できます。

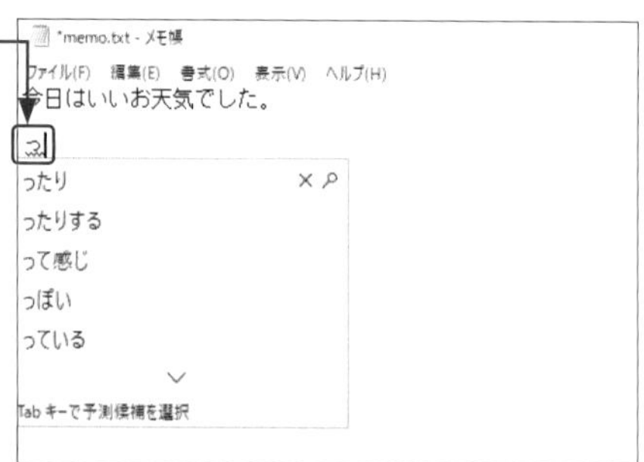

「っ」以外も小さくできる

X（または L）キーを押すと、「ゃ」「ゅ」「ょ」「っ」や母音も小文字で入力できます。

かな入力の場合

かな入力にしている場合は、Shift キーを押しながら小さくしたい文字キーを押すと、小文字で入力できます。

困った度 ？？？

キーにない記号の入力方法が知りたい

A ▶ 日本語入力中に「きごう」と入力して 変換 キーを押すと、キーにない記号を入力できます。

1 変換候補から記号を選択する

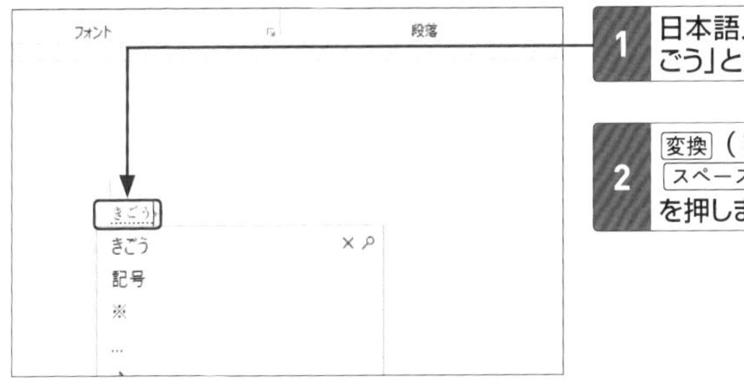

1 日本語入力中に「きごう」と入力して、

2 変換（または スペース）キーを押します。

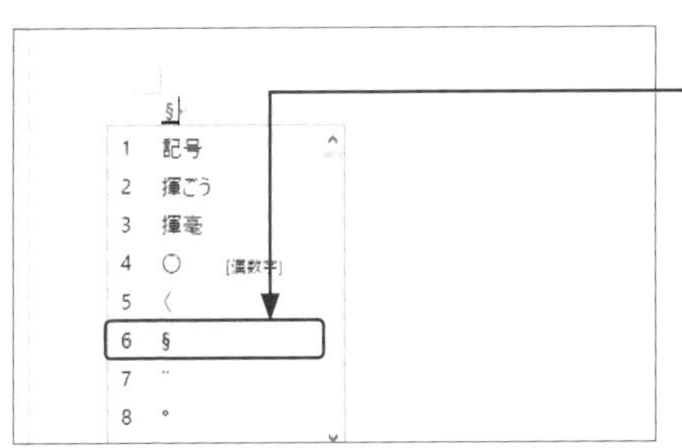

3 記号の一覧が表示されるので、入力したい記号を選択し、

4 Enterキーを押します。

メモ IMEパッドで入力する

タスクバーの<入力モード>を右クリックし（P.86のメモ参照）、<IMEパッド>→<文字一覧>をクリックすると、キーボードにない記号が一覧表示され、選択して入力できます。

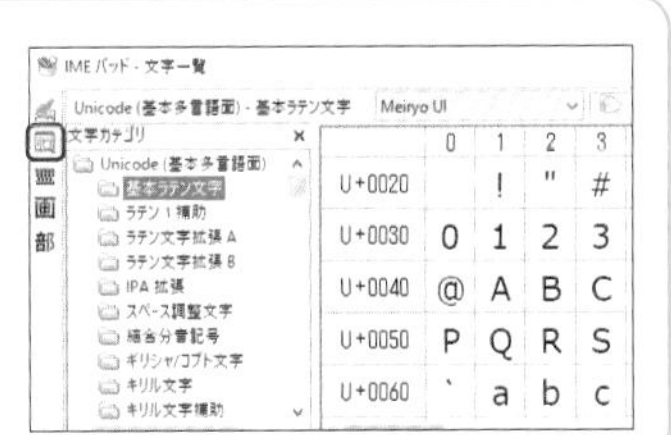

Q065 文字を入力したら前にあった文字が消えた

A ▶ 上書きモードになっているのが原因です。Insertキーを押して、挿入モードに戻します。

1 上書きモードから挿入モードに戻す

上書きモードになっていると、既存の文字列に上書きされた状態で入力されます。

入力します
文字をます

1 Insertキー（ノートパソコンではInsキー）を押すと、

モードが切り替わらない

キーボードによっては、Shift＋Insertキーを押して、挿入モードに切り替えます。

挿入モードに切り替わります。

2 カーソルのある場所の前に入力した文字が挿入されます。

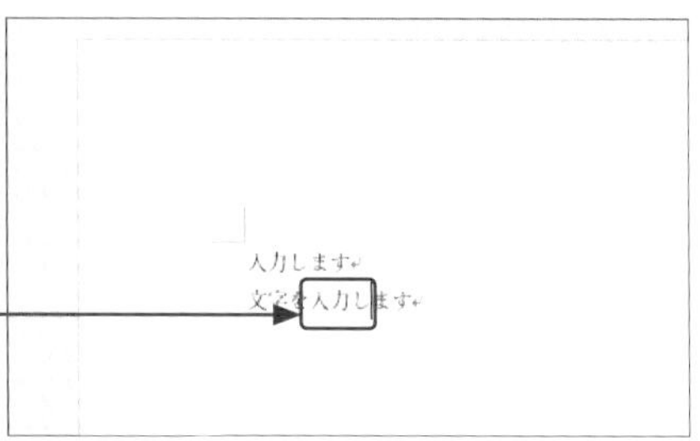

困った度 ? ?

Q 066 アルファベットの大文字が入力されてしまう

A ▶ Shift＋CapsLockキーを押して、CapsLockを無効にしましょう。

1 CapsLockを無効に切り替える

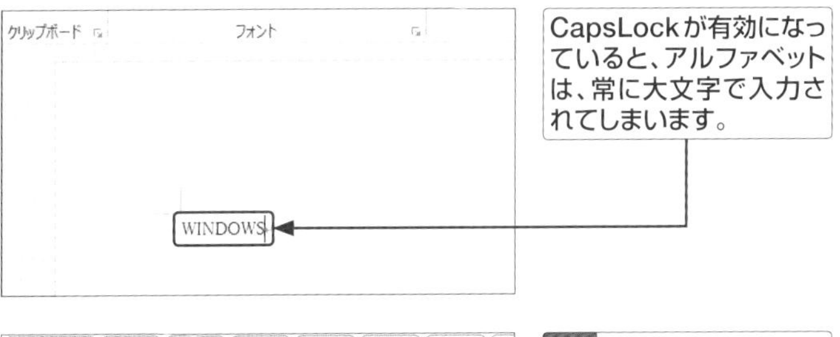

CapsLockが有効になっていると、アルファベットは、常に大文字で入力されてしまいます。

1 Shift＋CapsLockキーを押すと、

2 CapsLockが無効になり、アルファベットは、常に小文字で入力されるようになります。

CapsLockキーとは

CapsLockキーは、アルファベット入力に大きく関わってくるキーです。有効にしていると、わざわざShiftキーを押しながら大文字に変換しなくてもよいので、固有名詞などを入力するときに重宝します。

困った度 ？？？

Q 067 よく使う単語をそのつど入力するのは面倒

A ▶ よく使う単語をIMEの<単語の登録>に登録しておくと、変換時にすぐ呼び出せます。

1 <単語の登録>で登録する

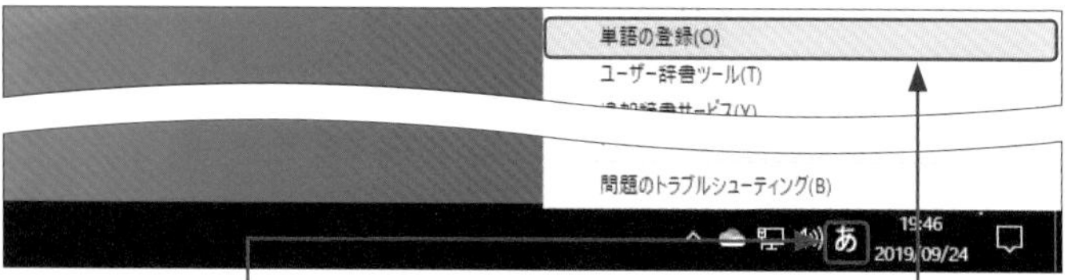

1 タスクバーの<入力モード>を右クリックして、

2 <単語の登録>をクリックします。

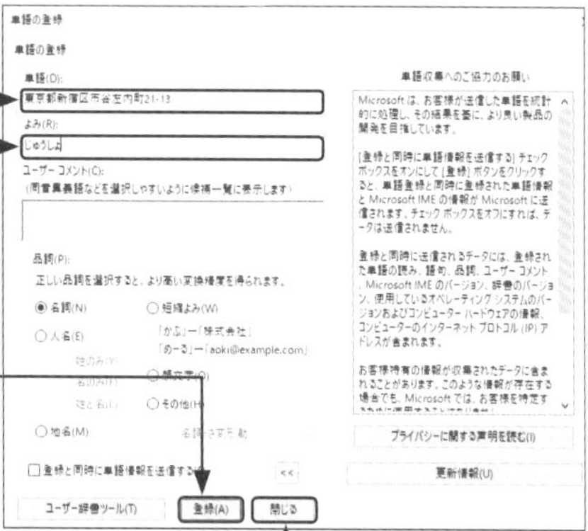

3 <単語>に登録したい単語を入力し、

4 <よみ>に登録したい単語の読み方を入力して、

5 <登録>をクリックし、

6 <閉じる>をクリックします。

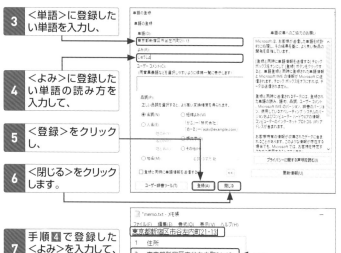

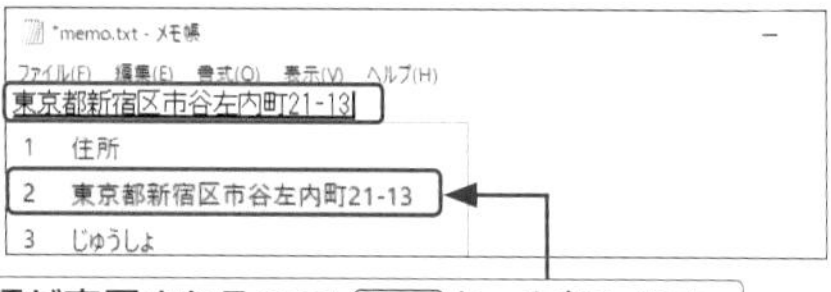

7 手順4で登録した<よみ>を入力して、変換キーを押すと、

8 変換候補に登録した単語が表示されるので、Enterキーを押します。

困った度 ？？

Q068 読み方がわからない漢字を入力したい

A ▶ IMEパッドの<手書き入力>で読み方のわからない漢字を、手書き入力してみましょう。

1 <手書き入力>から漢字を入力する

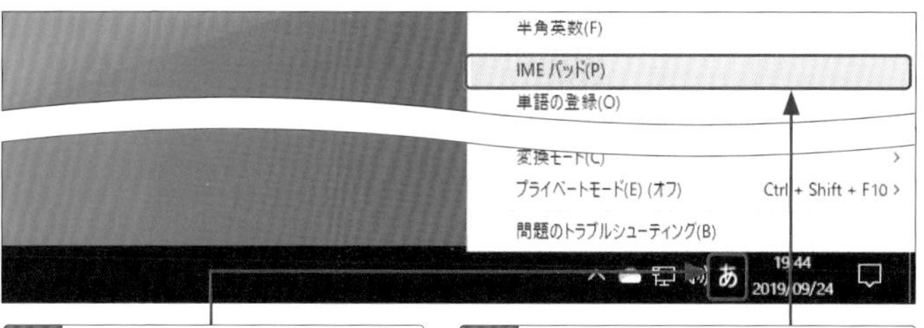

1 タスクバーの<入力モード>を右クリックして、

2 <IMEパッド>をクリックします。

3 <手書き>をクリックし、

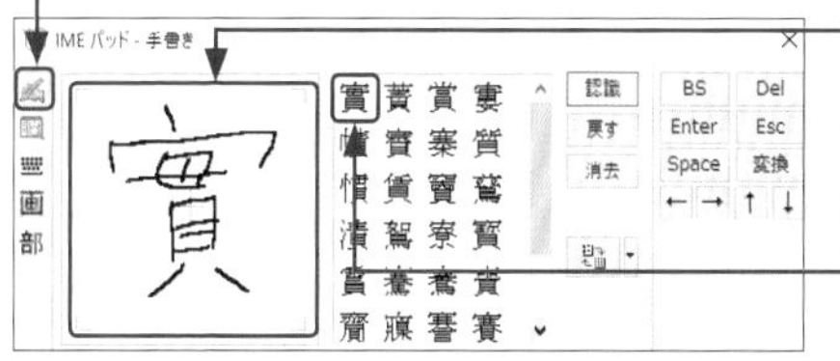

4 枠内にマウスをドラッグして文字を書き、

5 表示された変換候補から入力したい文字をクリックします。

ファイル(F)　編集(E)　書式(O)　表示(V)　ヘルプ(H)

實

6 文字が入力されます。

手書き入力を書き損じた場合

手書き入力時に書き損じをした場合、手順3の画面で<戻す>をクリックして直前の状態に戻すか、<消去>をクリックしてすべてを消去するとやり直せます。

困った度 ?

Q 069 登録した単語を削除したい

タスクバーの＜入力モード＞から＜ユーザー辞書ツール＞画面を開いて、削除します。

1 ユーザー辞書ツールから単語を削除する

P.94を参考に単語を登録しておきます。

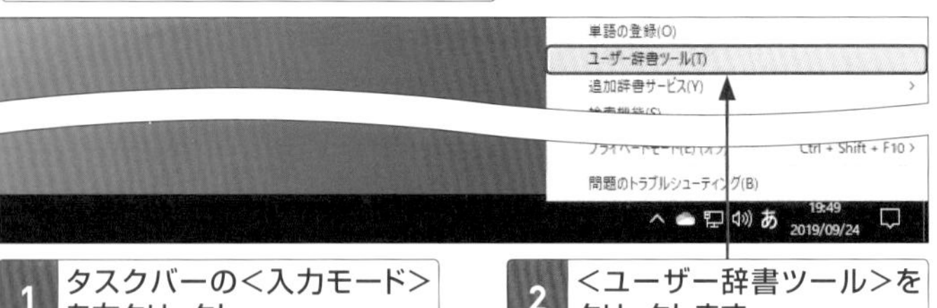

1 タスクバーの＜入力モード＞を右クリックし、

2 ＜ユーザー辞書ツール＞をクリックします。

3 削除したい単語を選択し、

4 ＜削除＞をクリックして、

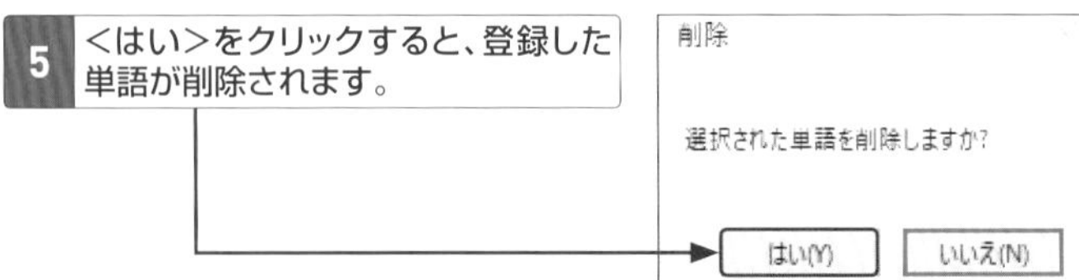

5 ＜はい＞をクリックすると、登録した単語が削除されます。

単語を編集する

手順3のあとで画面上部の＜編集＞→＜変更＞をクリックすると、登録した単語のよみなどを変更できます。

PART 4 マウス・キーボード・文字入力で困った！

PART

5

インターネットで困った！

困った度 ？？？

突然インターネットに接続できなくなった

A ▸ トラブルシューティングを実行し、問題を検出して提示される対処方法を試してみましょう。

インターネットの接続状態はタスクバーのアイコンで確認できます。

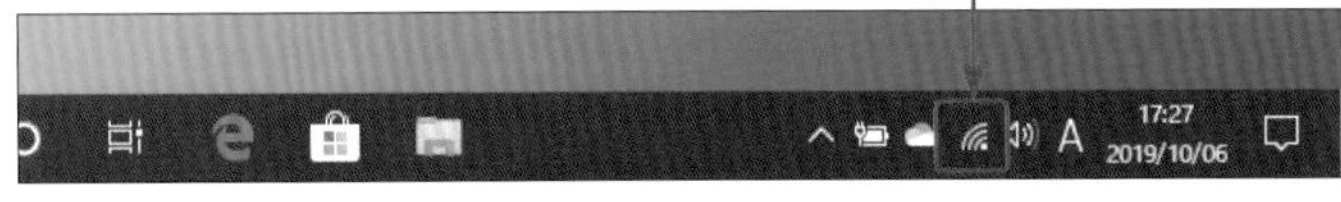

有線LAN/無線LAN	意味	解説
/	接続中	インターネットに接続しています。
	未接続	インターネットに接続していません。有線LANの場合「ケーブルがつながっていない」、無線LANの場合「電波が弱い」「ウィンドウズの設定でWi-Fiをオフにしている」などの状態です。また、インターネットの設定が原因でインターネットに接続できない状態の可能性もあります。

1 トラブルシューティングを実行する

P.22を参照して「設定」を表示します。

1 <更新とセキュリティ>をクリックします。

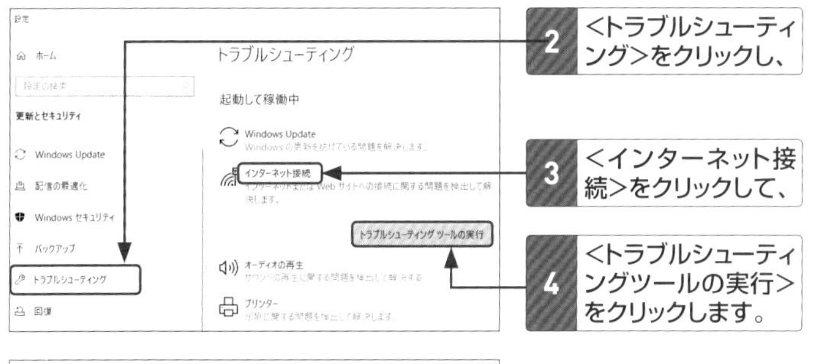

2 <トラブルシューティング>をクリックし、

3 <インターネット接続>をクリックして、

4 <トラブルシューティングツールの実行>をクリックします。

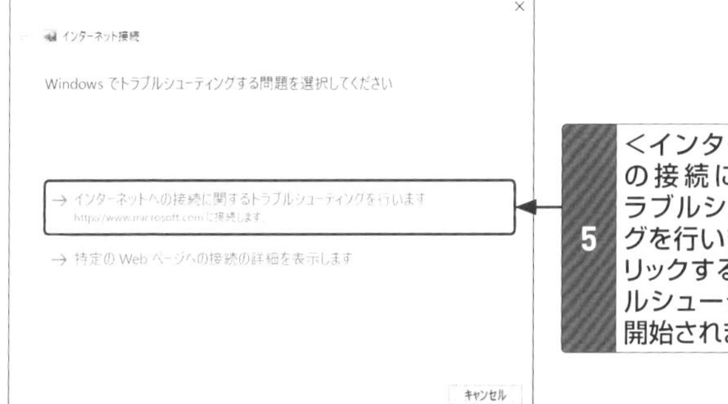

5 <インターネットへの接続に関するトラブルシューティングを行います>をクリックすると、トラブルシューティングが開始されます。

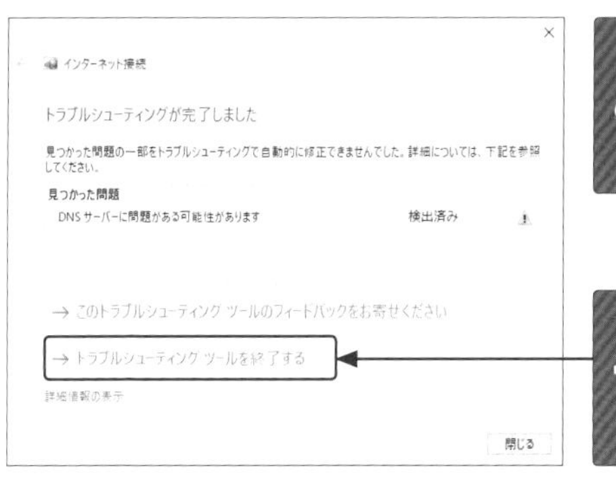

6 問題の検出が完了するとトラブルの原因や対処方法が提示されるので、参考にして対処を行います。

7 トラブルシューティングが完了したら、<トラブルシューティングツールを終了する>をクリックします。

自動修正を行う

トラブルシューティングツールによって自動修正が可能な場合は、手順7の画面で表示される<この修正を適用します>をクリックすると、検出した問題を自動的に修正してくれます。

困った度 ？？？

Q 071 無線LANで通信できない

A ▶ タスクバーの<ネットワーク>アイコンからWi-Fiをオンにします。

1 ネットワークがオンになっているか確認する

1 タスクバーの<ネットワーク>アイコンをクリックし、

2 <Wi-Fi>をクリックします。

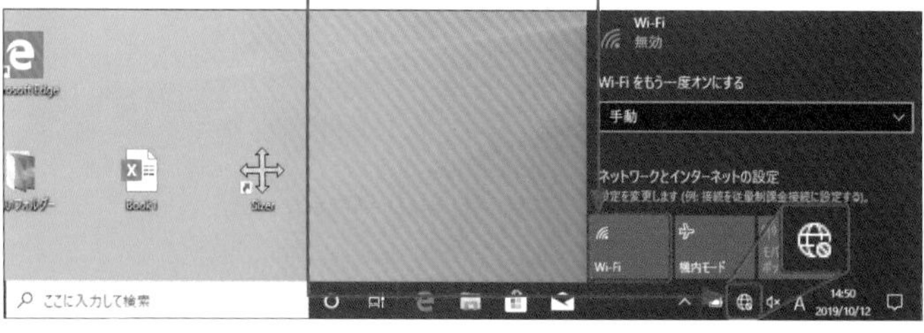

3 Wi-Fiがオンになり、無線LAN通信が可能になります。

以前Wi-Fiに接続していた場合、自動で無線LANの通信が可能になります。

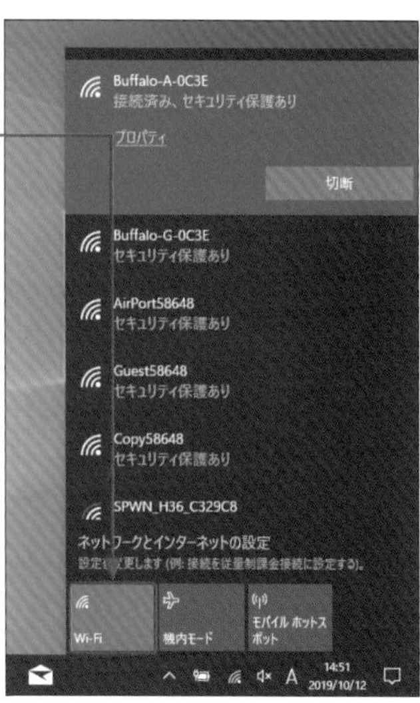

メモ 必要に応じてWi-Fiネットワークに接続する

オンに切り替えたあと、必要に応じて接続したいWi-Fiを選んでパスワードなどを入力し、<接続>をクリックします。

困った度 ? ?

Q 072 URLはどこに入力するの?

A ▶ Edgeの画面上部にあるアドレスバー／検索ボックスにURLを入力しましょう。

1 アドレスバーにURLを入力する

ここでは、Microsoft Edge（起動方法はP.102を参照）を利用してYahoo!JAPANのWebサイトを表示する例を解説します。

1 アドレスバー／検索ボックスにURL（https://www.yahoo.co.jp/）を入力し、

2 キーボードの Enter キーを押すと、

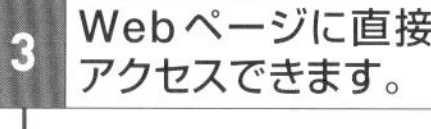

3 Webページに直接アクセスできます。

IEとEdgeの違い

ウィンドウズ10では、標準Webブラウザが「Internet Explorer（以下、IE）」から「Microsoft Edge（以下、Edge）」に変更されました。IEではアドレスバーと検索ボックスが分離していましたが、Edgeでは統合されています。URLを入力すれば直接Webページにアクセスでき、検索ワードを入力すれば検索結果が表示されます。

困った度 ？？

Q073 検索方法がわからない

A ▸ Edgeの場合、検索ボックスにキーワードを入力しましょう。

1 Edgeにキーワードを入力して検索する

1 <スタート>ボタンをクリックして、スタートメニューを表示します。

2 <Microsoft Edge>のタイルをクリックします。

Edgeが起動します。

3 検索ボックスをクリックし、

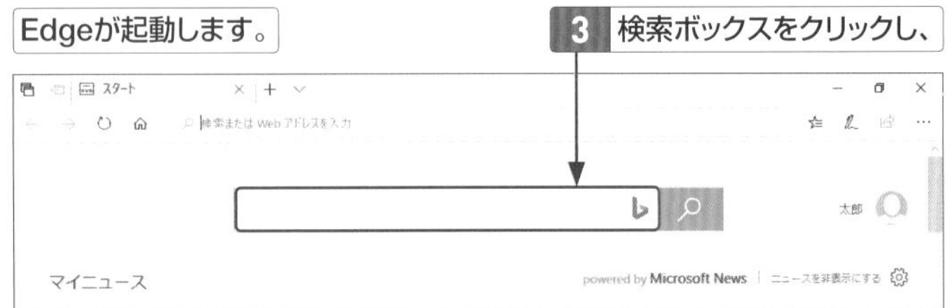

4 キーワードを入力して、（ここでは「google」）

5 <検索>をクリックします。

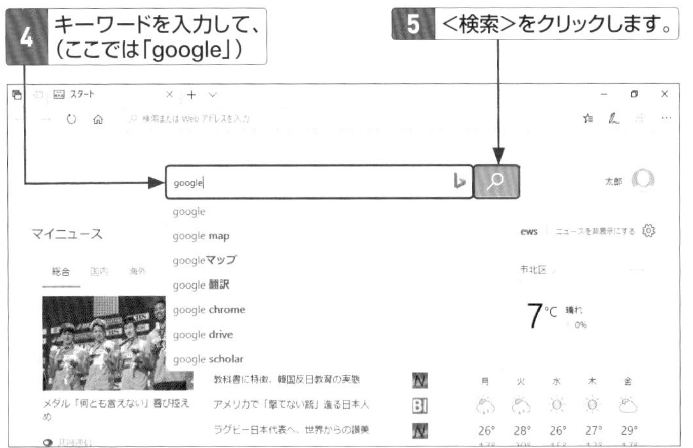

6 検索結果が表示されます。

IEを起動する

スタートメニューで<Windows アクセサリ>→<Internet Explorer>をクリックすると、IEを起動できます。

困った度 ？？？

Yahoo!やGoogleで検索したい

A ▶ Edgeの検索エンジンは初期状態ではBingになっていますが、Googleなどに変更できます。

1 Edgeの検索エンジンをGoogleに変更する

EdgeでGoogle(https://www.google.co.jp)にアクセスします。

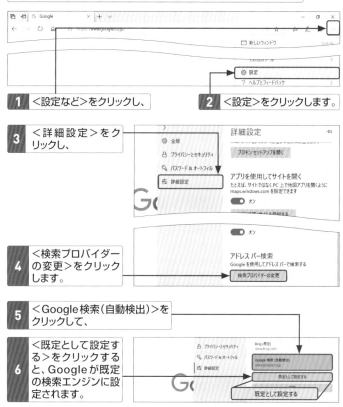

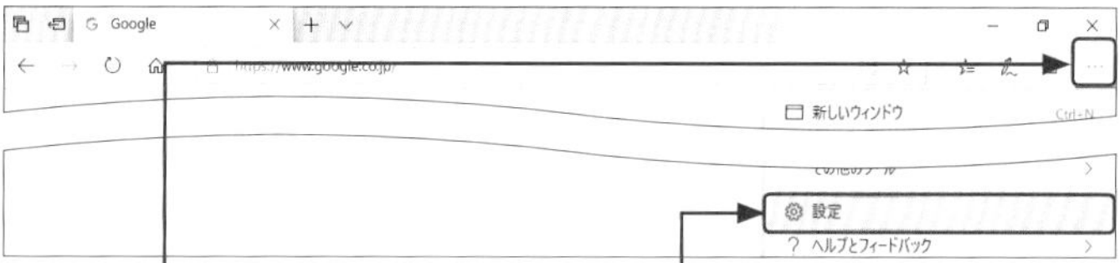

1 ＜設定など＞をクリックし、

2 ＜設定＞をクリックします。

3 ＜詳細設定＞をクリックし、

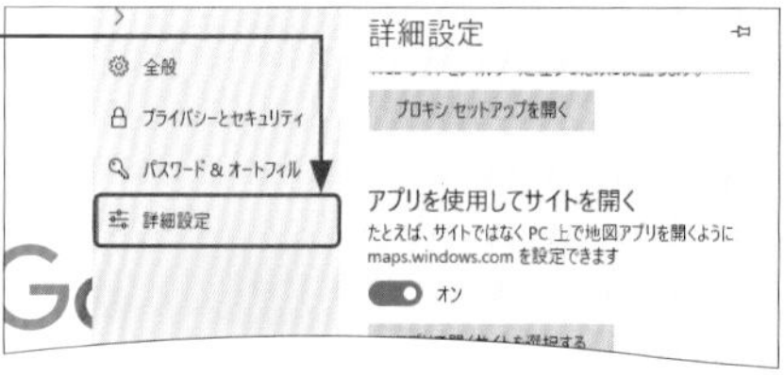

4 ＜検索プロバイダーの変更＞をクリックします。

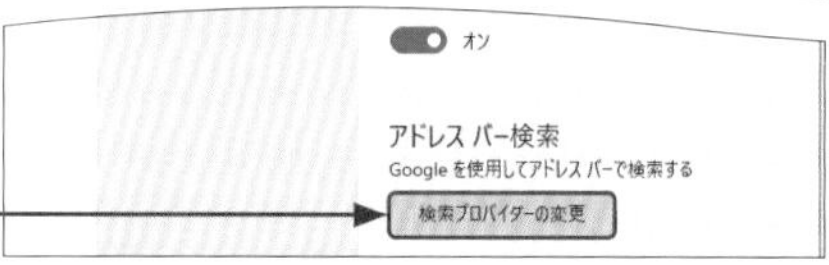

5 ＜Google検索(自動検出)＞をクリックして、

6 ＜既定として設定する＞をクリックすると、Googleが既定の検索エンジンに設定されます。

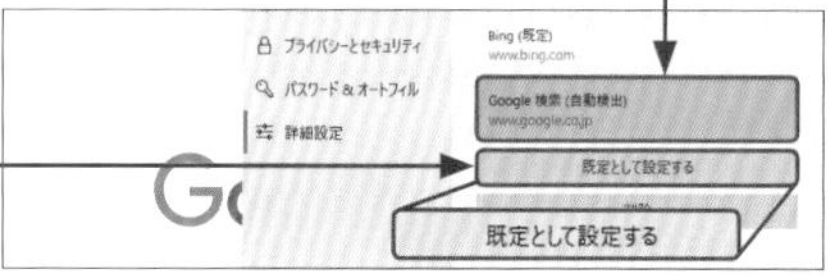

「このページは表示できません」と表示される

A ▶ 最新のFlash Playerがインストールされていないなど、いくつかの原因が考えられます。

1 ページが表示されない原因と対策

● 原因1

最新のFlash Playerがインストールされていない可能性があります。

● 対策

https://get.adobe.com/jp/flashplayer/で最新のFlash Playerをインストールします。

トラブルシューティングが完了しました

見つかった問題の一部をトラブルシューティングで自動的に修正できませんでした。詳細については、下記を参照してください。

見つかった問題

DNS サーバーに問題がある可能性があります　検出済み

→ このトラブルシューティング ツールのフィードバックをお寄せください

→ トラブルシューティング ツールを終了する

● 原因2

ネットワークの接続状況に問題が発生している可能性があります。

● 対策

P.98を参照し、トラブルシューティングを実行して原因と対策を探ります。

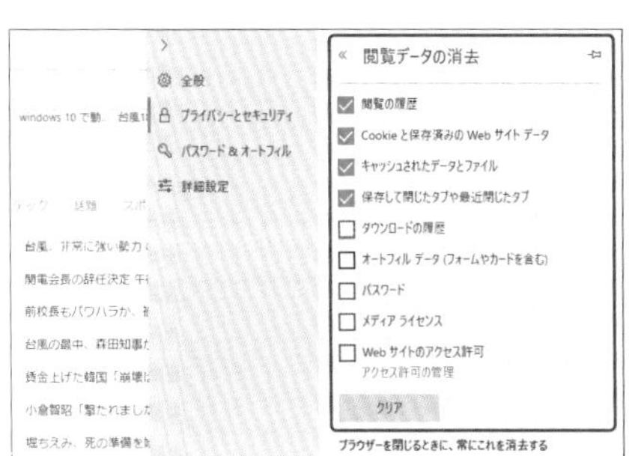

● 原因3

履歴の一種である「キャッシュ」が溜まり過ぎると、Webページが正常に表示されないことがあります。

● 対策

P.116を参照し、Edgeの<履歴>からキャッシュを削除します。

Q 076 Edgeで画像が表示されない

ページが更新されていないなど、いくつかの原因が考えられます。

1 画像が表示されない原因と対策

● 原因1

画像が正しく読み込まれなかった可能性があります。

● 対策

Edgeの画面左上にある<最新の状態に更新>をクリックして、Webページを更新します。

OS Windows 10
Webブラウザ Edge
画像解像度 1080×1920
ポップアップ表示 ポップアップブロックが設定されています。解除してください。
Microsoft Edge は、square.jfa.jp からのポップアップをブロックしました。 一度のみ許可 常に許可

● 原因2

ポップアップブロックが有効になっている可能性があります。

● 対策

P.221を参照し、ポップアップブロックを無効にします。

閲覧データの消去
閲覧の履歴
Cookie と保存済みの Web サイト データ
キャッシュされたデータとファイル
保存して閉じたタブや最近閉じたタブ
ダウンロードの履歴
オートフィル データ (フォームやカードを含む)
パスワード
メディア ライセンス
Web サイトのアクセス許可

● 原因3

履歴の一部である「キャッシュ」が溜まっているため画像が表示されない可能性があります。

● 対策

P.116を参照し、Edgeの<履歴>からキャッシュを削除します。

困った度 ? ?

最初に表示されるWebページを変更したい

Edgeの<設定>から、最初に表示されるWebページを変更することができます。

1 Edge起動時に開くページを変更する

ここではYahoo!のトップページを設定します。

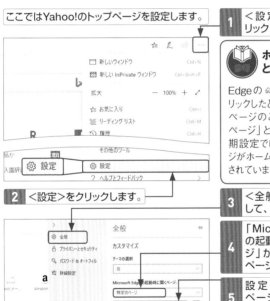

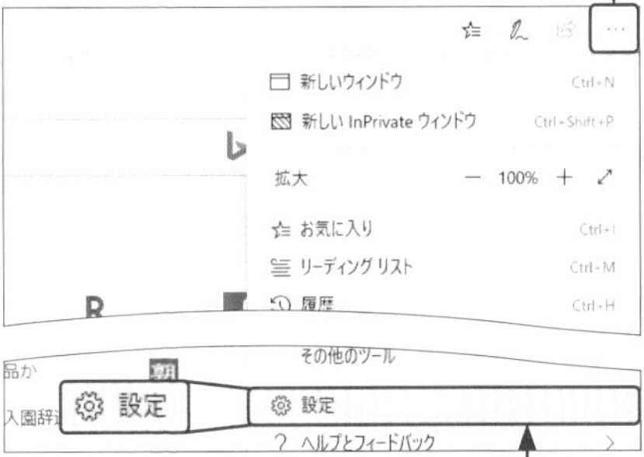

1 <設定など>をクリックし、

2 <設定>をクリックします。

ホームページとは?

Edgeの ⌂ アイコンをクリックしたときに開かれるページのことを「ホームページ」といいます。初期設定ではスタートページがホームページに設定されています。

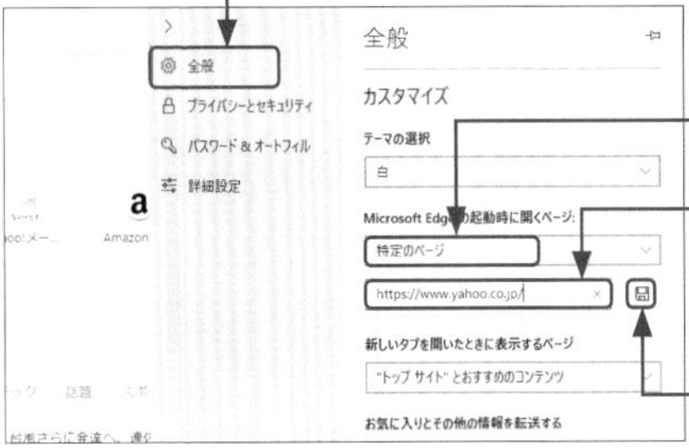

3 <全般>をクリックして、

4 「Microsoft Edgeの起動時に開くページ」から、<特定のページ>を選択し、

5 設定したいWebページのURLを入力し、

6 <保存>をクリックすると、

7 Yahoo!のページに設定されます。

困った度 ?

Q078 新しいタブでリンク先のWebページを開きたい

A ▸ Webページに表示されているリンクを右クリックし、<新しいタブで開く>をクリックします。

1 新しいタブでWebページを開く

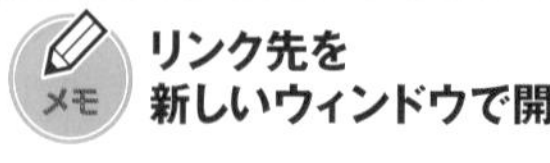

リンク先を新しいウィンドウで開く

手順2の画面で<新しいウィンドウで開く>をクリックすると、リンク先のWebページが新しいウィンドウで開きます。

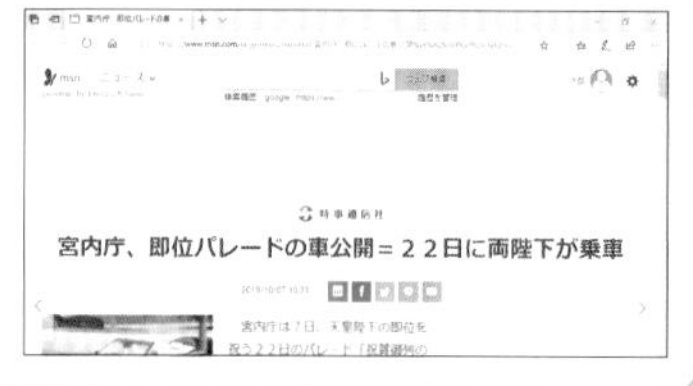

困った度 ? ?

Webページをお気に入りに登録したい

A ▶ ＜お気に入り＞をクリックすると、WebページをEdgeのお気に入りに登録できます。

1 Webページをお気に入りに登録する

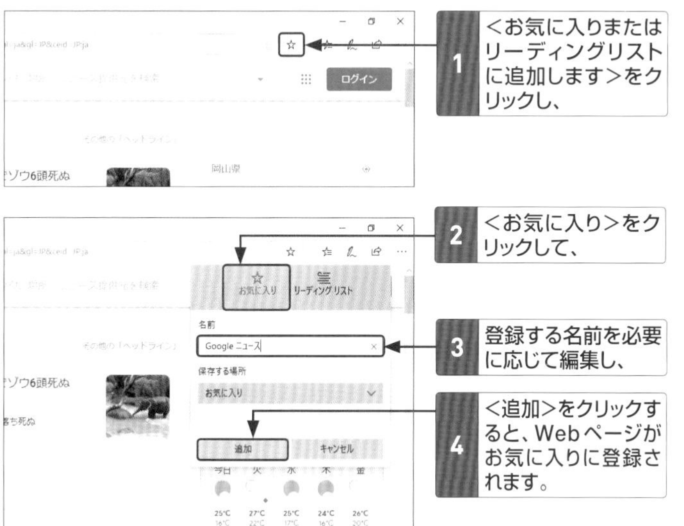

1 ＜お気に入りまたはリーディングリストに追加します＞をクリックし、

2 ＜お気に入り＞をクリックして、

3 登録する名前を必要に応じて編集し、

4 ＜追加＞をクリックすると、Webページがお気に入りに登録されます。

お気に入りに登録したWebページを開く

アイコンをクリックし、＜お気に入り＞をクリックすると、登録したWebページの一覧を表示できます。

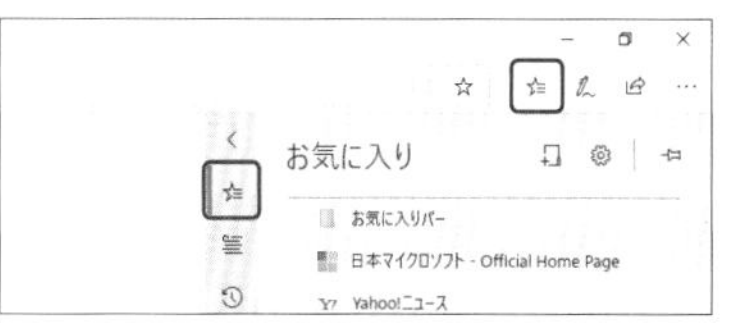

Q 080 お気に入りのWebページをすぐ表示したい

＜設定＞からページをスタート画面にピン留めしておくことができます。

1 スタート画面にピン留めする

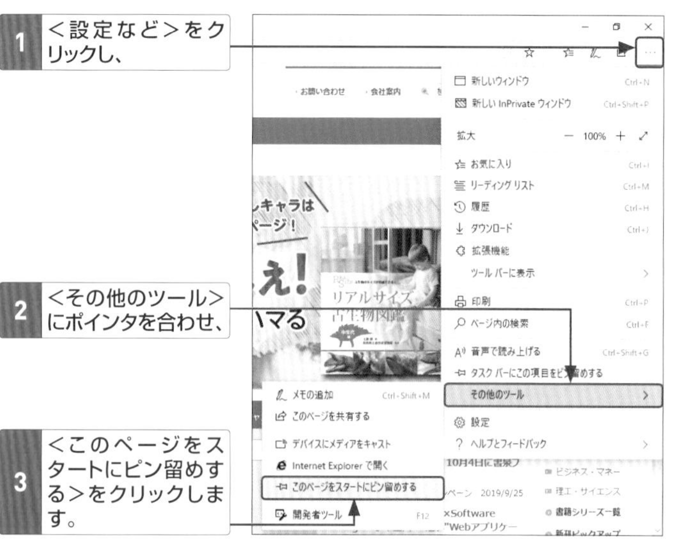

1 ＜設定など＞をクリックし、

2 ＜その他のツール＞にポインタを合わせ、

3 ＜このページをスタートにピン留めする＞をクリックします。

このタイルをスタートにピン留めしますか?

はい　いいえ

4 ＜はい＞をクリックすると、

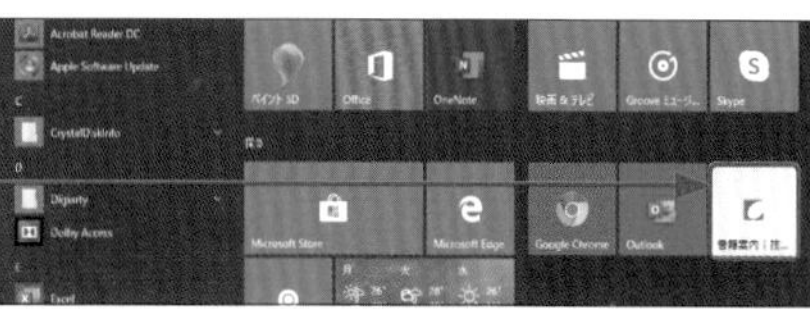

5 スタート画面のタイル一覧に、ピン留めしたWebページのタイルが追加されます。

困った度 ?

履歴を残さずにインターネットを見たい

A ▸ 履歴を残さず閲覧できる「InPrivateウィンドウ」を活用しましょう。

1 InPrivateウィンドウで閲覧する

1 ＜設定など＞をクリックして、

2 ＜新しいInPrivate ウィンドウ＞をクリックします。

3 InPrivateウィンドウが起動します。検索方法など、使い方は通常のEdgeと同じです。

InPrivateウィンドウをすばやく開く

Edgeを使用中にタスクバーのEdgeのアイコンを右クリックし、＜新しいInPrivateウィンドウ＞をクリックすると、InPrivateウィンドウをすばやく開けます。

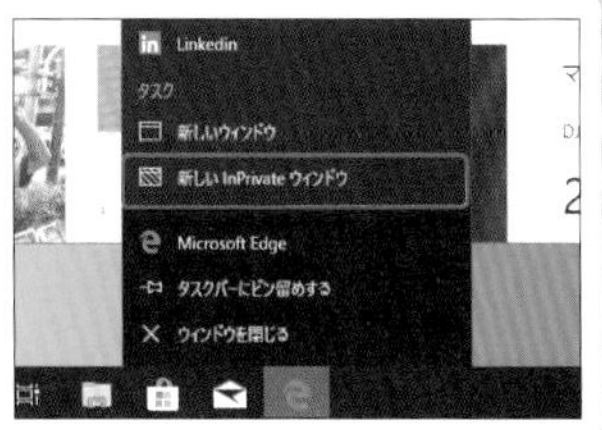

Q 082 IEのお気に入りをEdgeに移行したい

A ▸ IEのお気に入りをEdgeにインポートすれば、引き続き利用できます。

1 IEのお気に入りデータをEdgeにインポートする

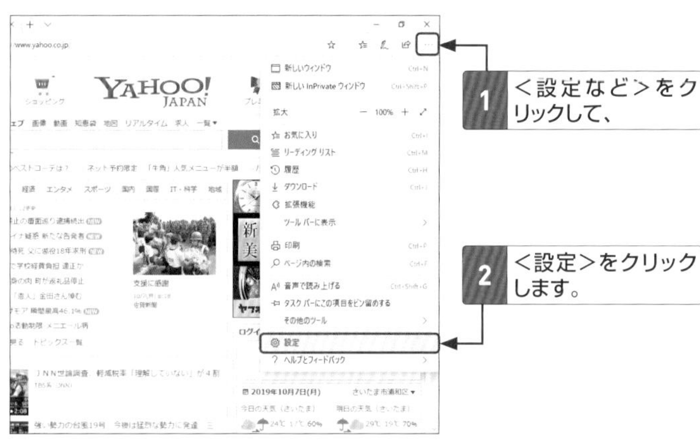
1 <設定など>をクリックして、
2 <設定>をクリックします。

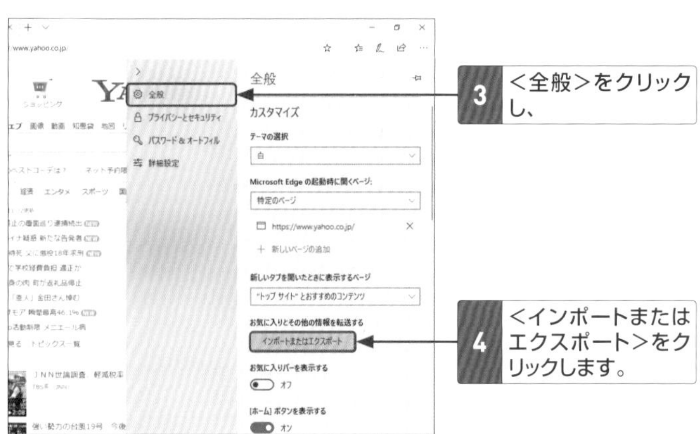
3 <全般>をクリックし、
4 <インポートまたはエクスポート>をクリックします。

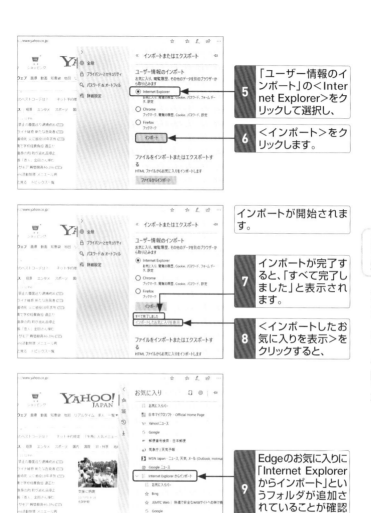

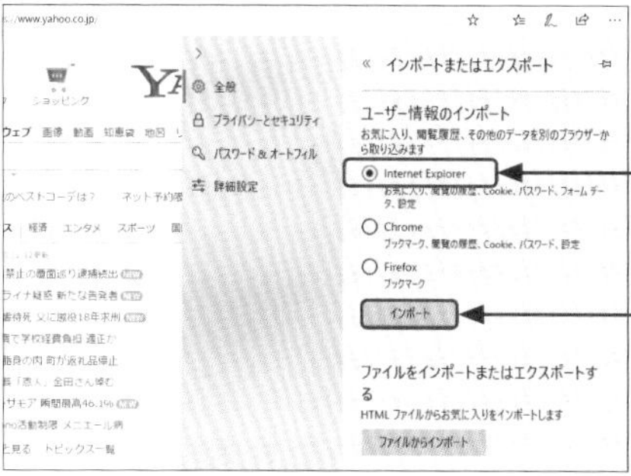

5 「ユーザー情報のインポート」の<Internet Explorer>をクリックして選択し、

6 <インポート>をクリックします。

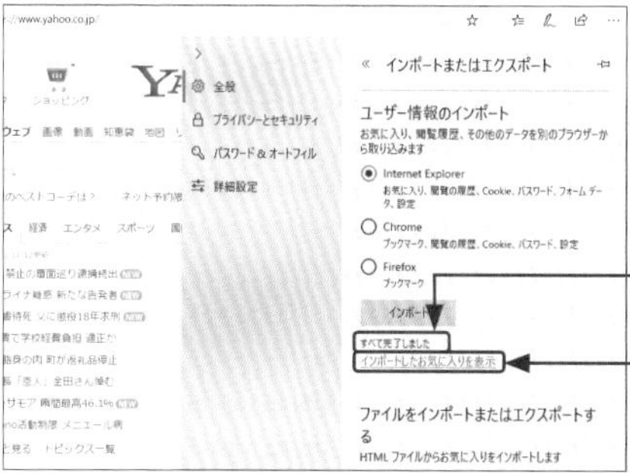

インポートが開始されます。

7 インポートが完了すると、「すべて完了しました」と表示されます。

8 <インポートしたお気に入りを表示>をクリックすると、

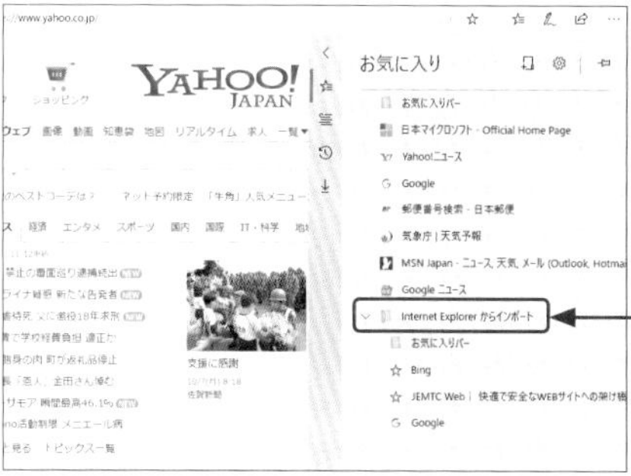

9 Edgeのお気に入りに「Internet Explorerからインポート」というフォルダが追加されていることが確認できます。

その他のWebブラウザのお気に入りもインポートできる

IE以外にも、ChromeやFirefoxなどその他のWebブラウザからもお気に入りをインポートできます。Chromeは手順5で<Chrome>、Firefoxは手順5で<Firefox>を選択し、<インポート>をクリックすると、インポートされます。

Webページ内の画像や写真を保存したい

保存したい画像を右クリックして、＜名前を付けて画像を保存＞をクリックしましょう。

1 Webページの画像を保存する

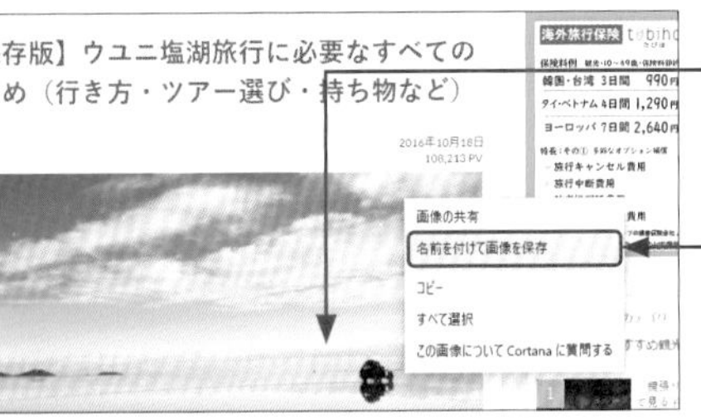

1 保存したい画像を右クリックし、

2 ＜名前を付けて画像を保存＞をクリックします。

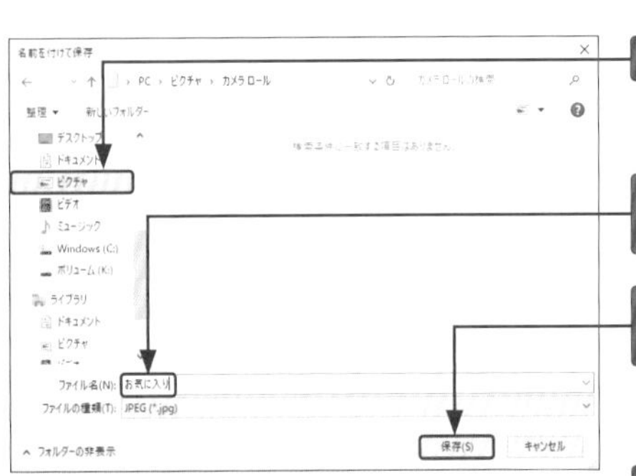

3 保存先を指定して、

4 画像の名前を入力し、

5 ＜保存＞をクリックすると、

6 パソコンに画像が保存されます。

注意　保存できない画像もある

Webページによっては、保存できない画像もあります。

困った度 ? ?

過去に見たWebページをもう一度開きたい

A ▶ ＜履歴＞から過去に閲覧したWebページにアクセスすることができます。

1 履歴からWebページにアクセスする

1 ＜お気に入り＞をクリックし、

2 ＜履歴＞をクリックします。

3 履歴の一覧から、アクセスしたいWebページをクリックすると、

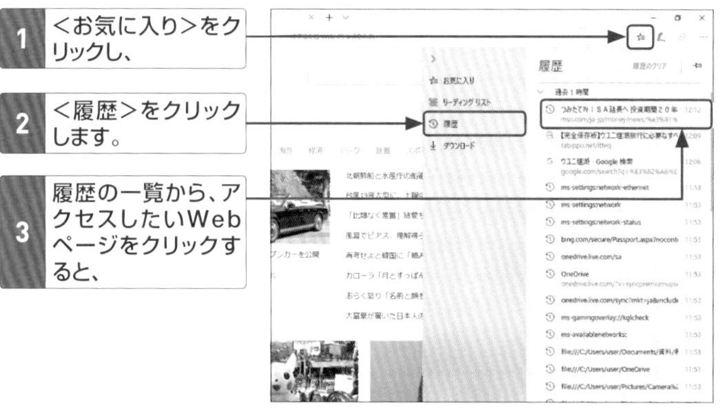

4 Webページが表示されます。

困った度

Q 085 履歴を消したい

A ▸ <履歴>の右側にある<履歴のクリア>から消したい履歴を選択できます。

1 履歴を削除する

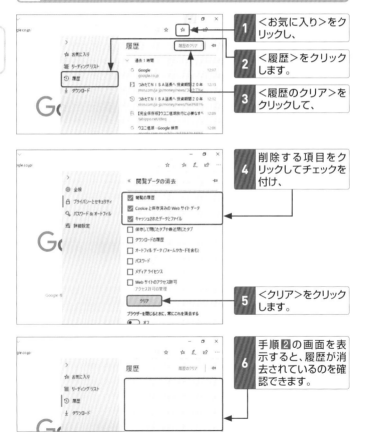

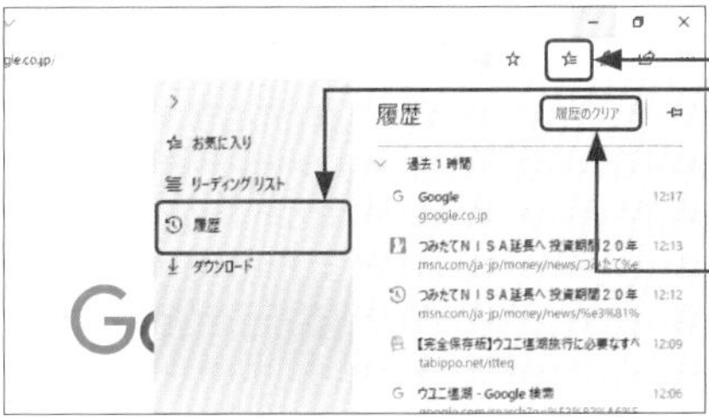

1 <お気に入り>をクリックし、

2 <履歴>をクリックします。

3 <履歴のクリア>をクリックして、

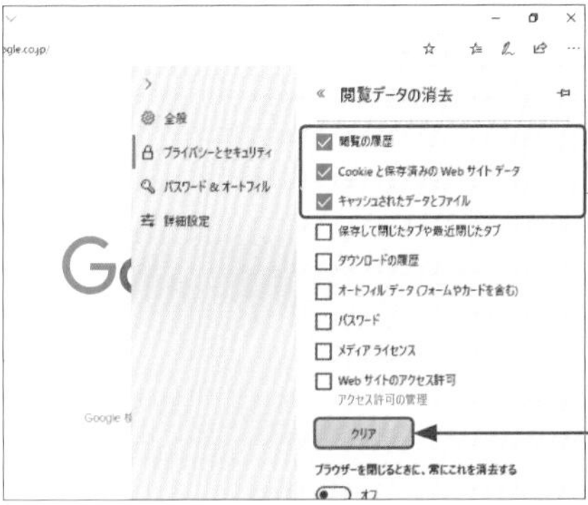

4 削除する項目をクリックしてチェックを付け、

5 <クリア>をクリックします。

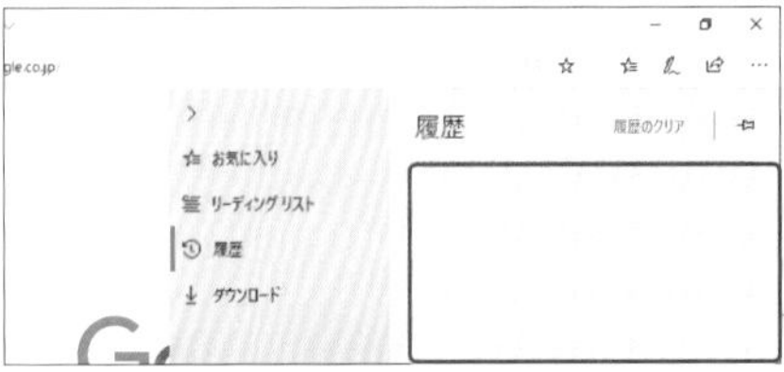

6 手順2の画面を表示すると、履歴が消去されているのを確認できます。

困った度 ? ?

ファイルをダウンロードしたい

A ▶ Webページにあるリンクをクリックして、ダウンロードを行います。

1 ファイルをダウンロードする

1 ダウンロード用のリンクをクリックし、

2 画面下部の<保存>をクリックします。

3 ダウンロードが完了し、

4 <フォルダーを開く>をクリックすると、ダウンロードしたファイルを確認できます。

困った度 ？？

ダウンロードしたファイルはどこに保存されるの？

A ▸ Edgeの＜お気に入り＞からダウンロード履歴を参照できます。

1 ダウンロード履歴を参照する

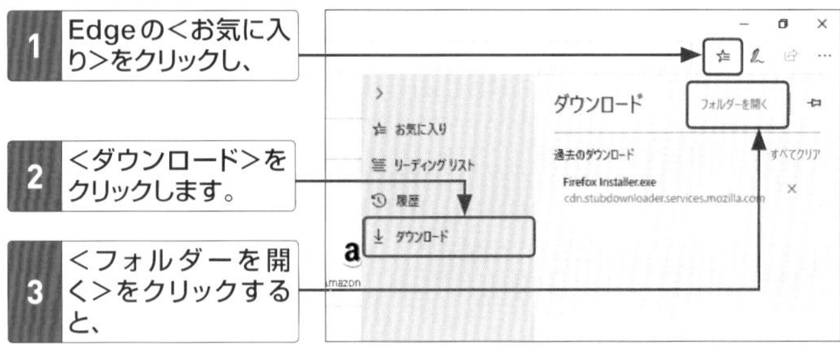

＜ダウンロード＞フォルダーが表示されます。

保存先を変更する

Edgeで＜設定など＞→＜設定＞をクリックし、「ダウンロード」の＜変更＞をクリックすると、ファイルのダウンロード先を変更できます。

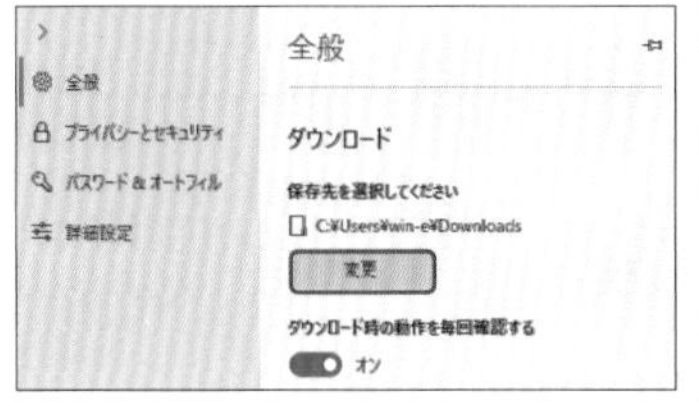

PART

6

メールで

困った!

困った度 ？？？

メールが送受信できない

A ▶ メールが送受信できない原因を理解し、本項で解説する対策を実践してみましょう。

1 メールが送受信できない原因と対策

メールが送信できない主な原因は、メールソフトの設定やメールサーバーの故障や不具合の可能性が考えられます。

原因	対策
メールアカウントの設定が上手くできていない	メールソフトでアカウントの再設定を行います。
メールサーバーの故障や不具合、容量が圧迫されているなどサーバー側の障害	メールサーバーのサイトにアクセスして状況を確認します。容量が圧迫されている場合は不要なメールを削除します。
インターネット接続の不具合	インターネット接続を確認します（Q.70参照）。

プロバイダーメールを利用する場合は、1つでも設定を間違うと送受信できないので、再設定の際にはパスワードなどを見直してみましょう。

メールサーバーの故障や不具合など、サーバー側で障害が発生した場合は、メールサーバーの公式サイトで故障状況を確認してみましょう。

困った度 ？？？

送ったメールが戻ってきてしまった

A ▶ メールの宛先に正しいアドレスが入力されているか、再度確認してみましょう。

1 メールの宛先を確認してから送信する

メールを誤送信した場合は、「postmaster@～」「Mailer Daemon@～」といった差出人から、英文メールが届きます。

1 送ったメールをクリックして確認し、

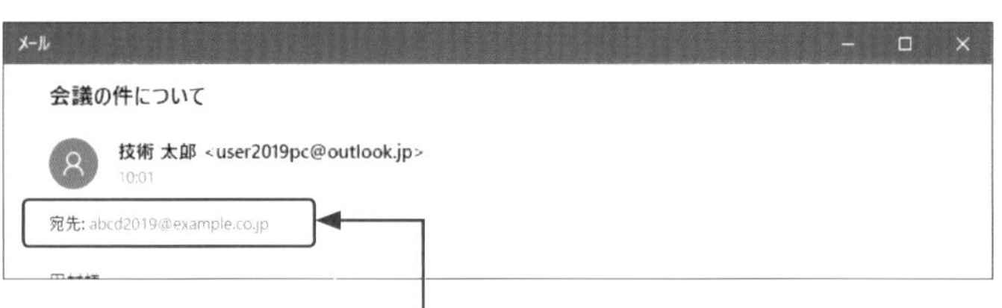

2 正しいメールアドレスが入力されているか確認しましょう。

宛先が正しいのに送信エラーが表示される場合は?

宛先が正しいのにメールが送信できない場合、送信先の相手がWebサイトのURLなどが添付されているメールを受信しない設定をしている可能性が考えられます。電話などでメールを送れない旨を伝えたほうがよいでしょう。

困った度 ？？

Q 090 会社のアカウントを使いたい

A ▶ <メール>アプリの「アカウントの追加」から、会社のメールアカウントを追加しましょう。

1 会社のメールアカウントを追加する

<メール>アプリを起動します。

1 画面左下の<設定>をクリックします。

設定メニューが表示されます。

2 <アカウントの管理>をクリックします。

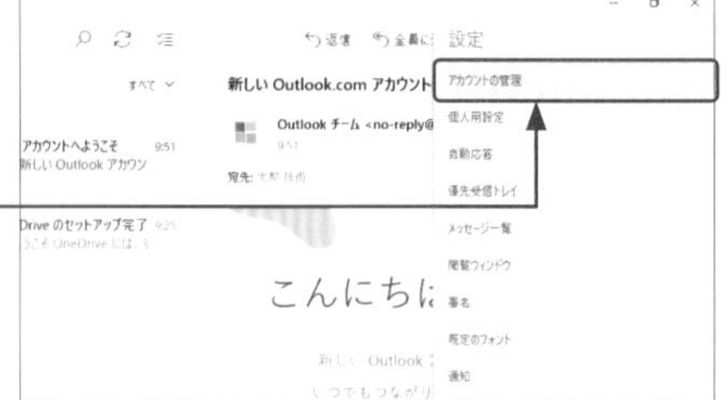

3 <アカウントの追加>をクリックします。

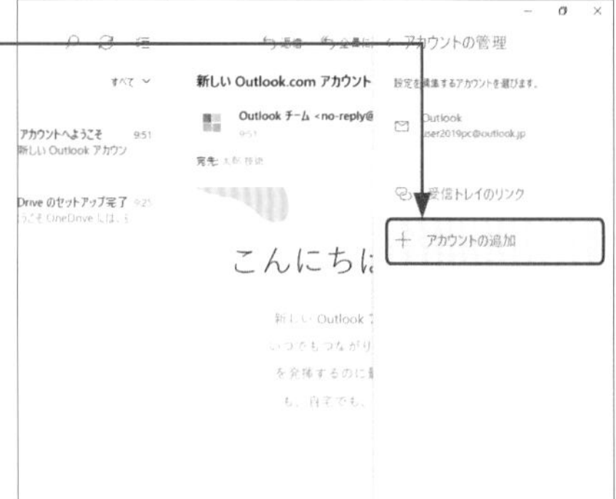

使えるアカウント

<メール>アプリではMicrosoftのほか、GoogleやiCloudのアカウントも登録できます。

4 ＜その他のアカウント＞をクリックし、

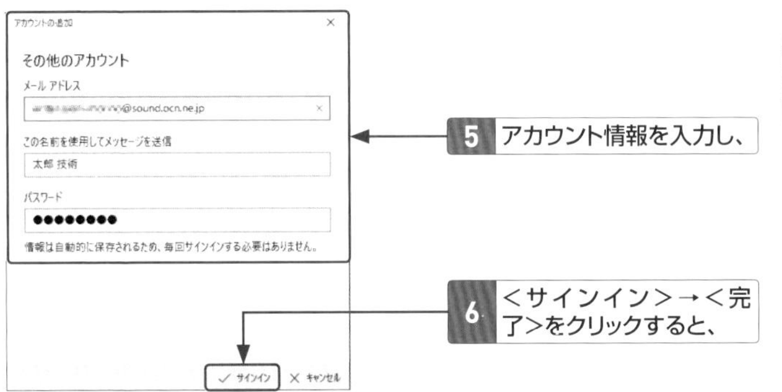

5 アカウント情報を入力し、

6 ＜サインイン＞→＜完了＞をクリックすると、

7 ＜メール＞の画面左側に、会社のメールアカウントが追加されます。

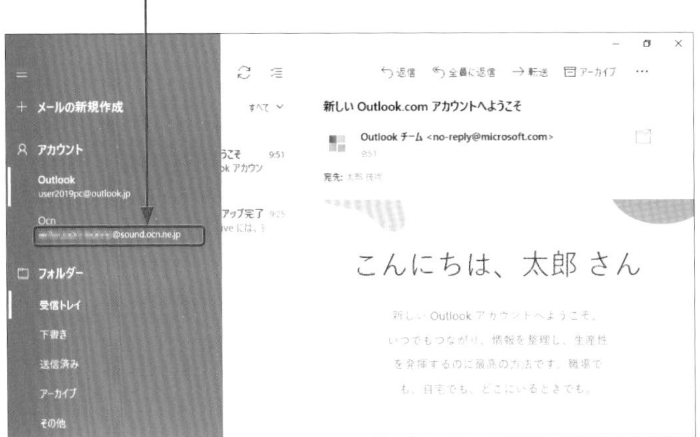

PART 6 メールで困った！

困った度 ？？

Q 091 送信するメールに署名を入れたい

メールアカウントの「設定」画面を表示してから、新しい署名を入力しましょう。

1 メールに新しい署名を設定する

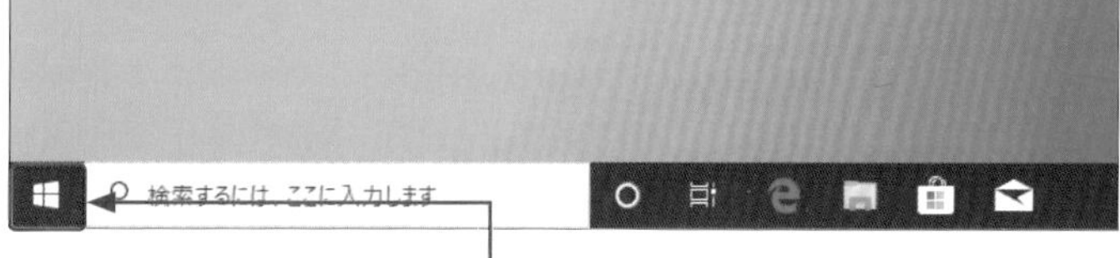

1 ＜スタート＞ボタンをクリックして、スタートメニューを表示します。

2 ＜メール＞をクリックして、＜メール＞アプリを起動します。

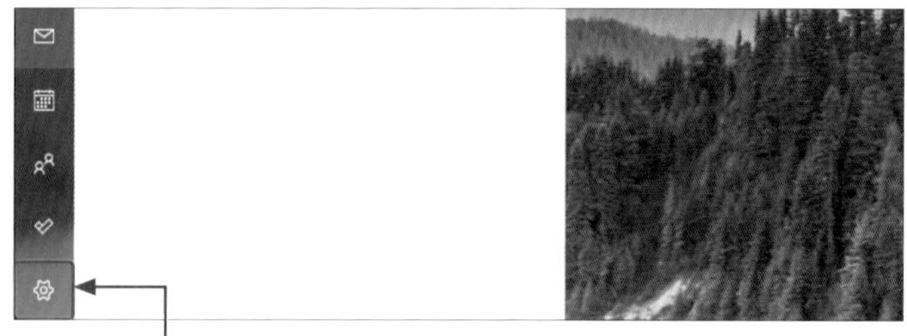

3 画面左下の＜設定＞をクリックし、

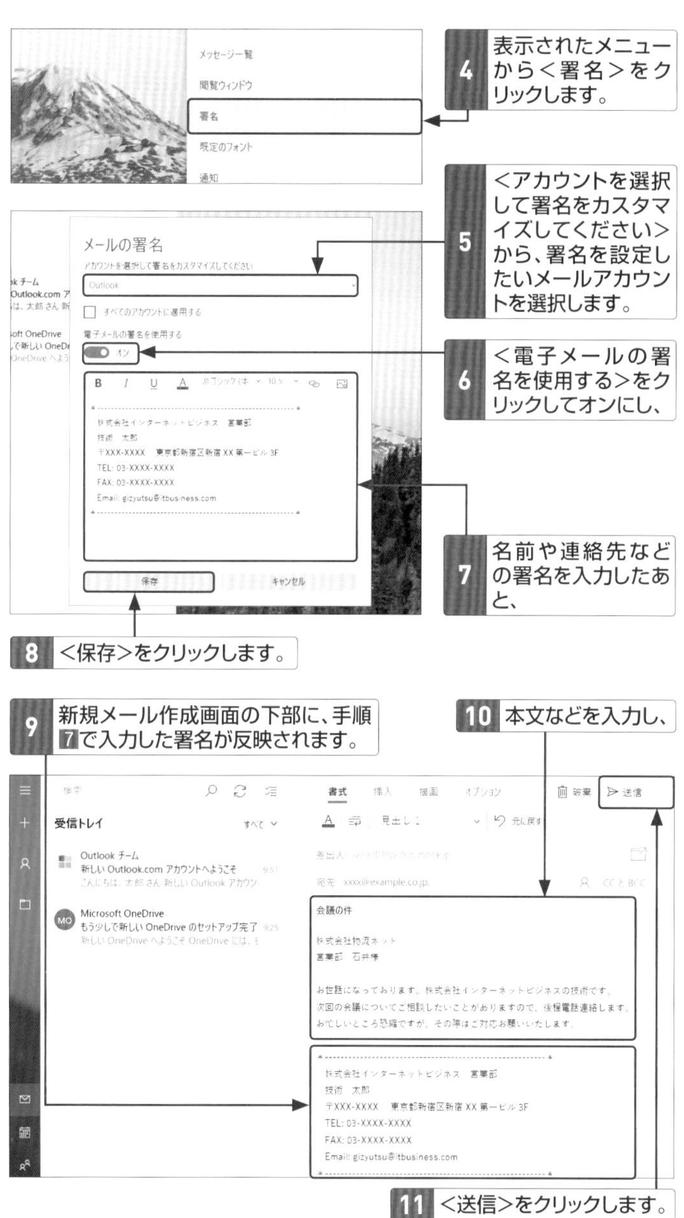

4 表示されたメニューから<署名>をクリックします。

5 <アカウントを選択して署名をカスタマイズしてください>から、署名を設定したいメールアカウントを選択します。

6 <電子メールの署名を使用する>をクリックしてオンにし、

7 名前や連絡先などの署名を入力したあと、

8 <保存>をクリックします。

9 新規メール作成画面の下部に、手順**7**で入力した署名が反映されます。

10 本文などを入力し、

11 <送信>をクリックします。

092 複数の人にメールを送りたい

A ▶ 「宛先」に複数のメールアドレスを入力してから、メールを送信しましょう。

1 複数のアドレスを入力する

<メール>アプリを起動後、<メールの新規作成>をクリックして、メールの作成画面を開きます。

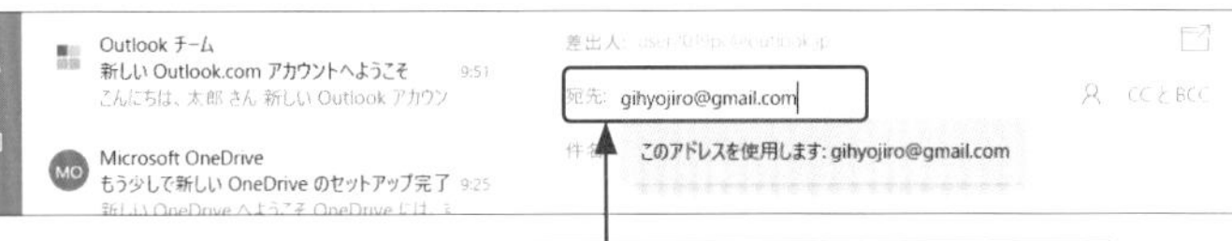

1 「宛先」にメールアドレスを入力し、；（セミコロン）を入力するか Enter キーを押します。

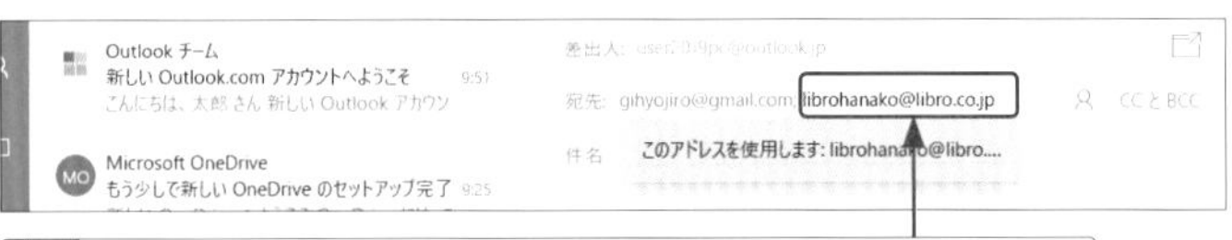

2 続けて次のメールアドレスを入力して、Enter キーを押したあと、

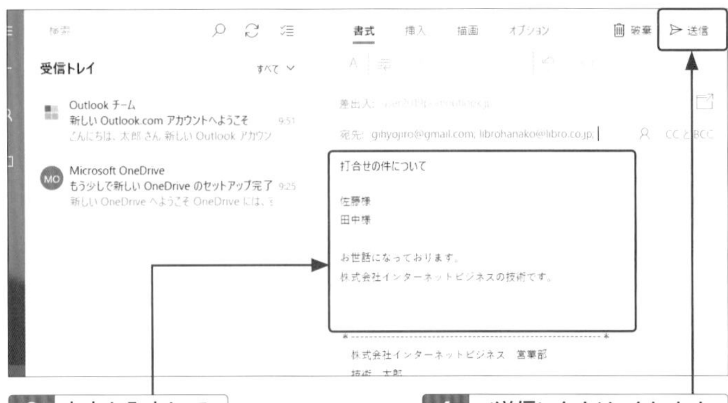

3 本文を入力して、

4 <送信>をクリックします。

困った度 ？？

Q 093 TO、CC、BCCの違いを知りたい

いずれもメールを送信する際のアドレスの指定方法のことです。状況に合わせて使い分けましょう。

1 TO、CC、BCCの違い

TO	「宛先」を意味します。メールを送る際は、TOを1人以上指定する必要があります。
CC	「宛先」の人に送るメールを、他の人にも確認してほしいときに使います。CCに入力したメールアドレスは、メールの受信者すべてに通知されます。
BCC	「宛先」の人に送るメールを、他の人にも確認してほしいときに使います。CCと異なり、BCCに入力したメールアドレスは他の受信者からは見えません。

2 CCとBCCのアドレスを入力する

P.126を参照し、メールの作成画面を開き、「宛先」にメールアドレスを入力します。

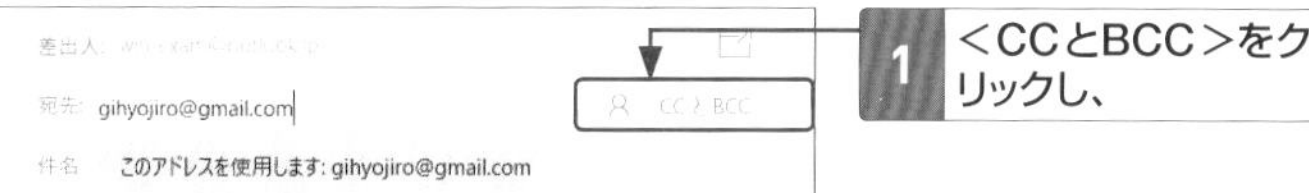

1 ＜CCとBCC＞をクリックし、

2 「CC」と「BCC」にそれぞれメールアドレスを入力します。

PART 6 メールで困った！

困った度 ? ?

Q 094 写真は何枚まで付けられるの？

▶ 枚数に制限はありませんが、容量に注意しましょう。

1 ＜挿入＞タブから複数の写真を添付する

メールの作成画面を開きます。

1 ＜挿入＞タブをクリックして、

2 ＜ファイル＞をクリックします。

3 添付したいファイルを Ctrl キーを押しながらクリックして、

4 ＜開く＞をクリックすると、

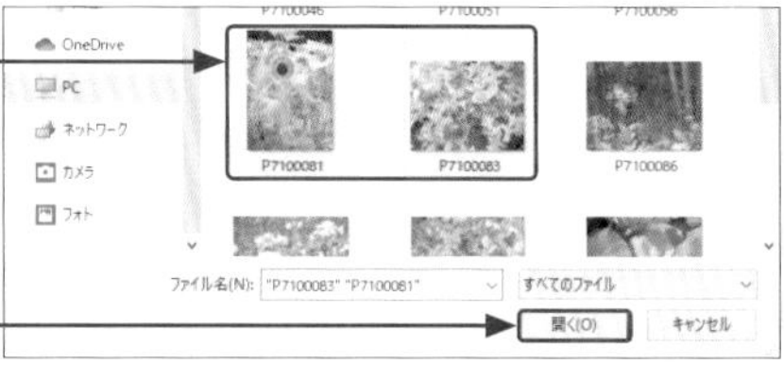

5 ファイルが添付されます。

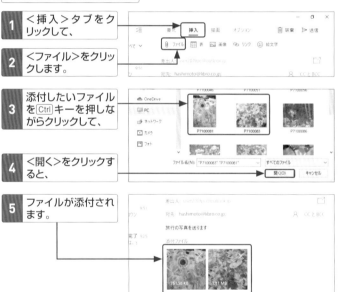

添付ファイルの容量

メール1通の容量は、5MB（1000万画素ぐらいの写真1、2枚）程度までを目安と考えておくといいでしょう。容量が大きくなる場合は、何通かに分けるか、Webのファイル転送サービスを利用しましょう。

困った度 ?

Q 095 書きかけのメールを保存しておきたい

A ▶ 作成中のメールは送信するまで「下書き」フォルダーに保存されています。

1 メールを下書き保存する

1 メールを作成中に一時中断する場合は、左上の<←>をクリックします。

受信トレイに戻ります。

2 <下書き>をクリックすると、

3 下書きのメールが表示されます。クリックすると、

4 入力作業を再開できます。

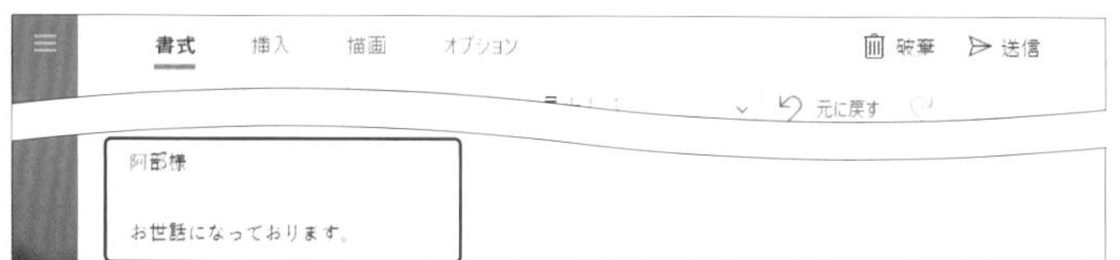

困った度 ？？

Q096 メールの文字の大きさを変えたい

A ▶ <書式>タブの<フォントの書式設定>で、文字の大きさを変更することができます。

1 メールの文字サイズを変更する

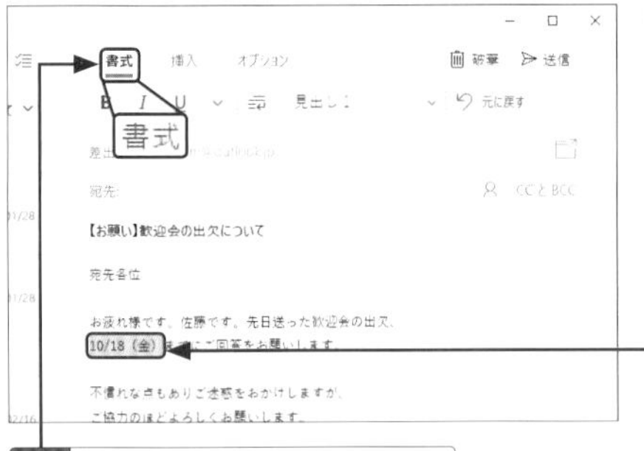

1 メールの本文を入力して、

2 文字列をドラッグして選択します。

3 <書式>タブをクリックして、

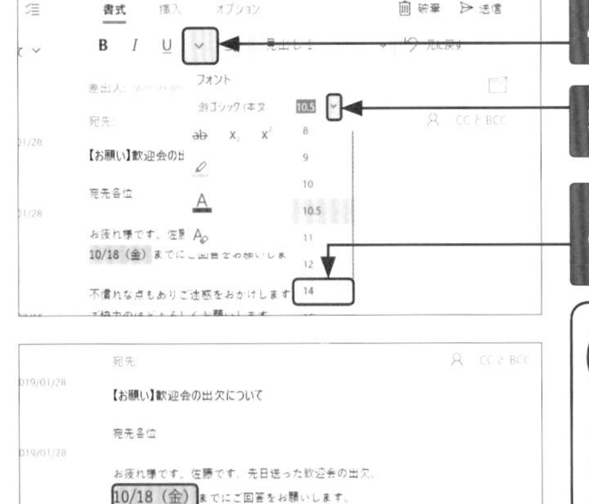

4 <フォントの書式設定>をクリックして、

5 文字サイズの ⌄ をクリックし、

6 変更したい文字の大きさをクリックします。

7 文字の大きさが変更されました。

注意 メニューが表示されない？

<フォントの書式設定>が表示されない場合は、<メール>アプリのウィンドウサイズを大きくすると表示されます。

困った度 ？？

097 添付ファイルが開けない

「メール」アプリには、開くことができないファイル形式があります。

1 添付ファイルの形式を確認する

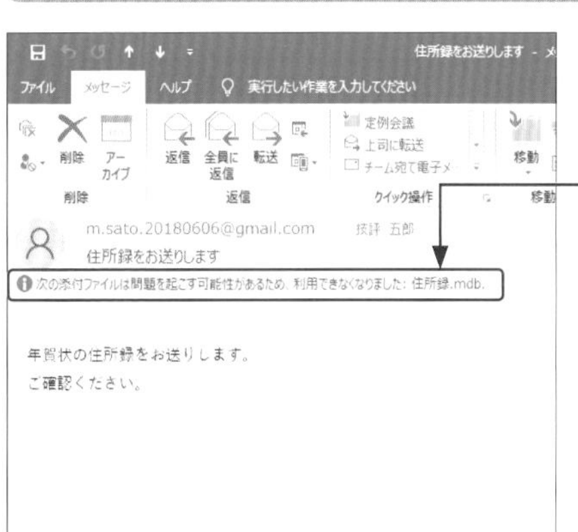

「メール」や「Outlook 2019」では、セキュリティの面から受信できないファイルは、「次の添付ファイルは問題を起こす可能性があるため、利用できなくなりました」と、表示されます。

原因	対策
（メールアプリが）ファイル形式に対応していない	ファイルをダウンロードして対応アプリで開きましょう。
セキュリティソフトによるエラー	セキュリティソフトを最新の状態にしたり、一時的にオフにしましょう。
ファイルの拡張子が原因	ファイルの送信者に、ファイルの拡張子を確認してもらいましょう。

添付ファイルに注意しよう

メールの添付ファイルは、マルウェアなどの不正なプログラムが混入されている可能性があります。知らない人からのメールなど、不審な添付ファイルは安易に開かないようにしましょう。

困った度 ？？？

Q 098 グループでメールを整理したい

A ▶ 重要なメールに目印（フラグ）を付けると、整理がより簡単になります。

1 メールにフラグを付ける

フラグを付けたいメールを表示しておきます。

1 ＜フラグの設定＞をクリックすると、

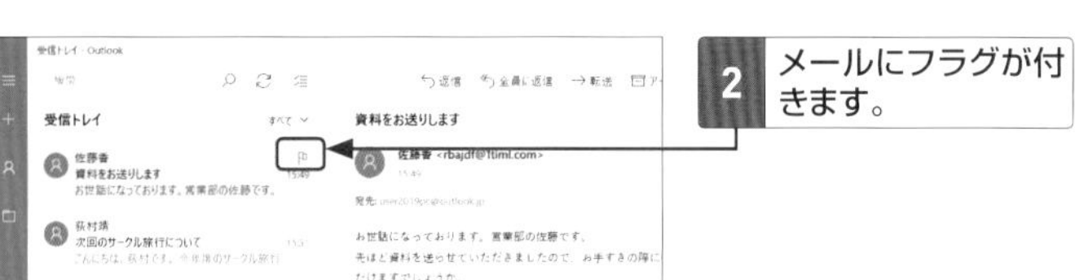

2 メールにフラグが付きます。

3 ほかのメールをクリックすると、

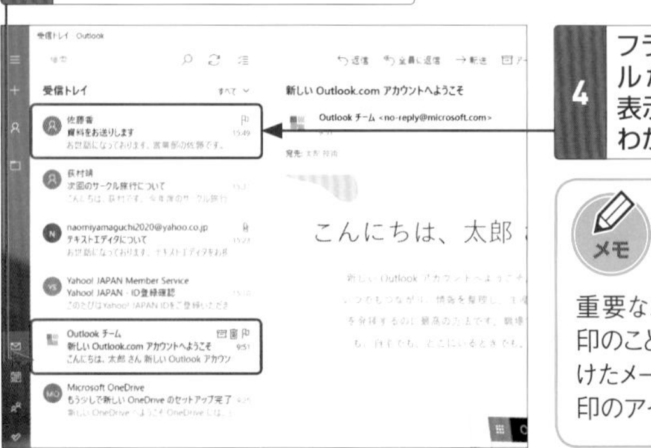

4 フラグが付いたメールが薄い色で強調表示されているのがわかります。

メモ フラグとは

重要なメールに付ける目印のことです。フラグを付けたメールには、赤い旗印のアイコンが付きます。

2 フラグを付けたメールだけを表示する

1 ＜すべて＞をクリックして、

2 メニューから＜フラグ付き＞をクリックすると、

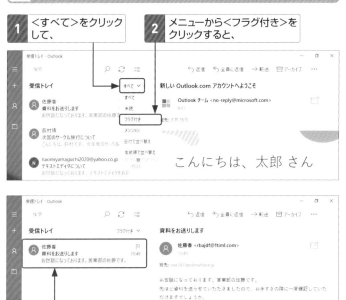

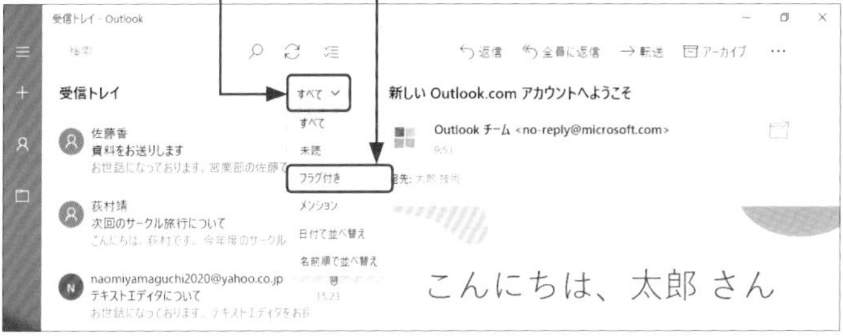

3 フラグ付きのメールだけが表示されます。

3 フラグを解除する

1 フラグを付けたメールを表示し、

2 ＜フラグのクリア＞をクリックすると、フラグが解除されます。

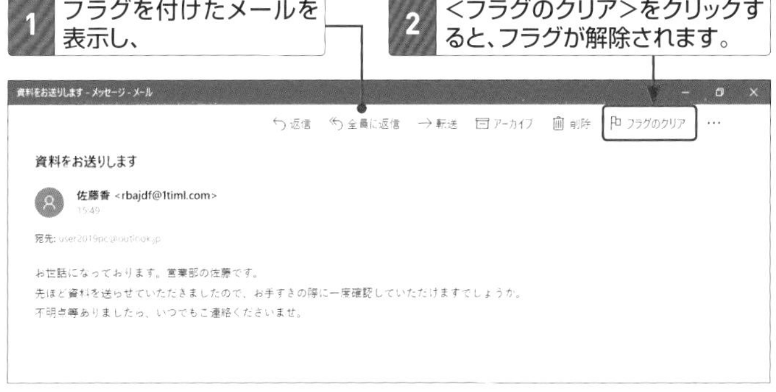

困った度 ? ?

Q099 キーワードでメールを探したい

A ▸ <メール>アプリ上部の検索欄からキーワードを入力して検索を行いましょう。

1 メールを検索する

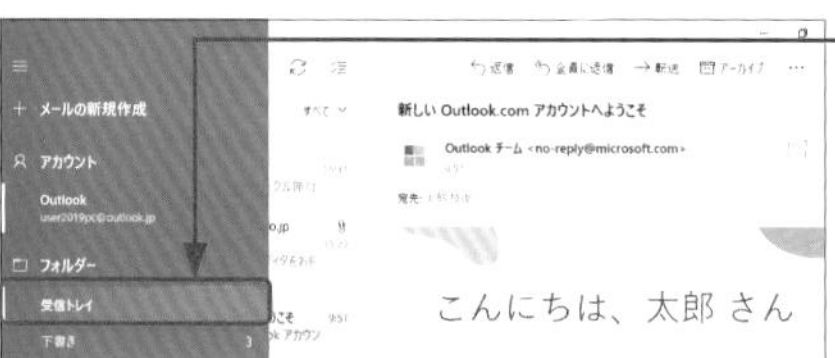

1 検索するフォルダー（ここでは<受信トレイ>）をクリックします。

2 検索ボックスをクリックし、キーワードを入力してEnterキーを押すと、

3 検索結果が表示されます。

困った度 ? ?

Q 100 メールアドレスを連絡先に登録したい

A ▶ メール画面でメールアドレスをコピーして、連絡帳アプリの「People」に登録しましょう。

1 メールアドレスをPeopleに登録する

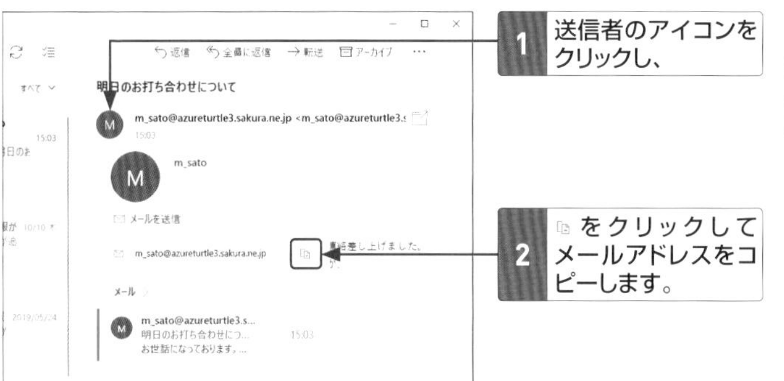

1 送信者のアイコンをクリックし、

2 をクリックしてメールアドレスをコピーします。

<スタート>ボタンから<People>アプリを起動します。

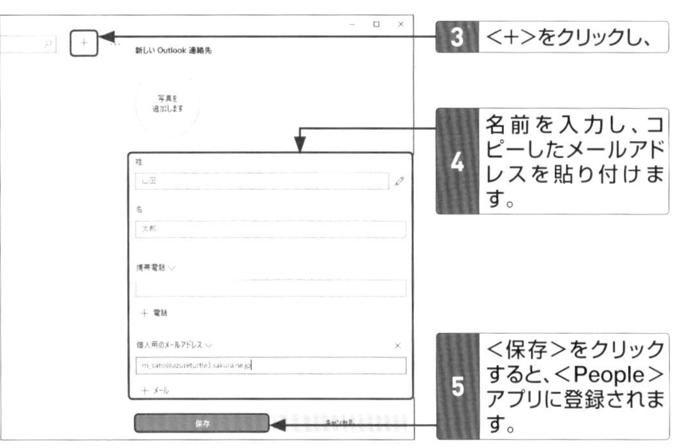

3 <+>をクリックし、

4 名前を入力し、コピーしたメールアドレスを貼り付けます。

5 <保存>をクリックすると、<People>アプリに登録されます。

困った度 ？？

連絡先Peopleからメールを送信したい

A ▶ <People>アプリで<メール>をクリックすると、メールを送信できます。

1 <People>アプリからメールを作成する

<People>アプリを起動します。

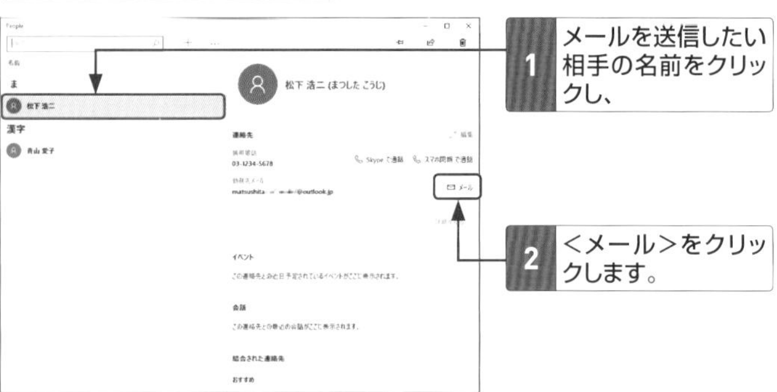
1 メールを送信したい相手の名前をクリックし、
2 <メール>をクリックします。

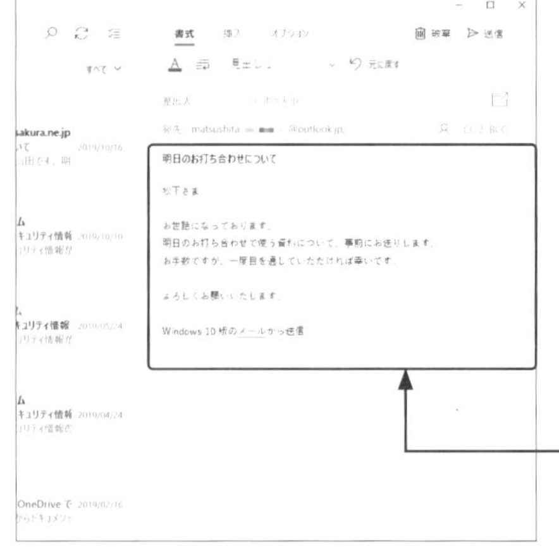
明日のお打ち合わせについて
松下さま

<メール>アプリが起動し、自動で宛先が設定されます。

3 件名、本文を入力しメールを送信します。

PART 7

写真・動画・音楽で困った！

困った度 ？？

Q102 デジカメの写真をパソコンに取り込みたい

A ▶ カメラ本体やSDカードをパソコンに接続し、「フォト」アプリを起動して取り込みを行いましょう。

1 デジタルカメラを接続して写真を取り込む

パソコンとデジタルカメラをUSBケーブルで接続するか、パソコンにメモリーカードスロットがあれば、メモリーカードを挿入します。

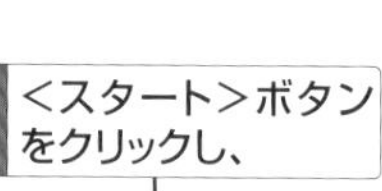
1 <スタート>ボタンをクリックし、

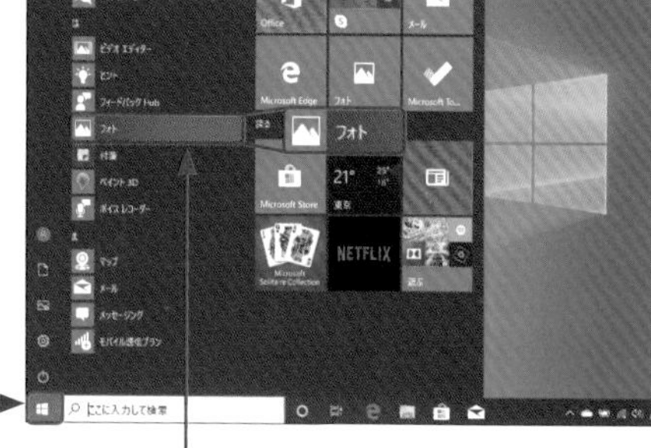

2 <フォト>をクリックします。

「フォト」アプリが起動します。

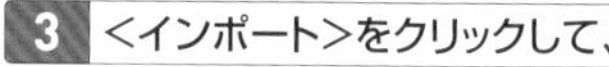
3 <インポート>をクリックして、

4 <USBデバイスから>をクリックします。

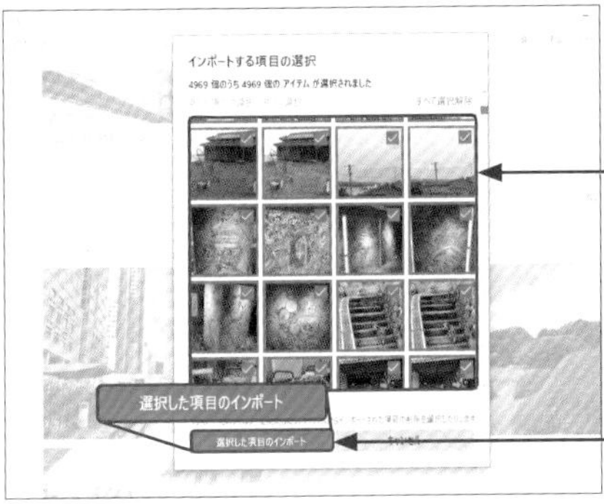

デバイスの写真が一覧で表示されます。

5 <選択した項目のインポート>をクリックすると、インポートが開始されます。

6 インポートが終了すると写真が表示されます。

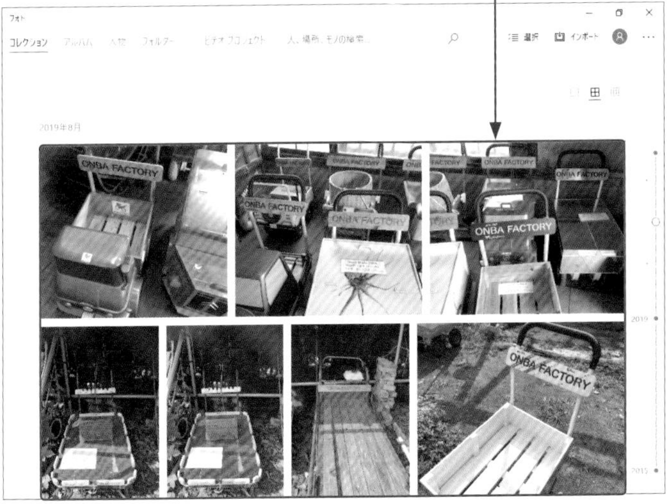

写真の保存先を変更する

デジタルカメラから取り込んだ写真は「ピクチャ」フォルダーに保存されます。保存先を変更する場合は、手順5の画面で<インポートの設定>→<インポート先の変更>をクリックします。

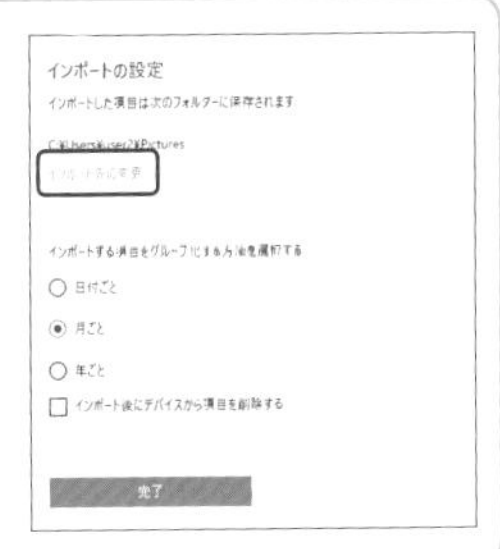

困った度 ？？

Q 103 デジカメを接続しても撮影した写真が見られない

A ▶ エクスプローラーを表示するか「自動再生」をオンに設定しましょう。

1 エクスプローラーから写真を表示する

1 パソコンとデバイス（ここではデジカメ）をUSBケーブルで接続します。

2 エクスプローラーを起動し、

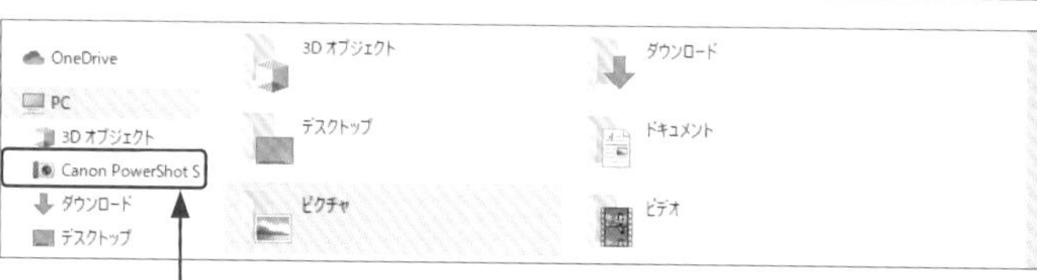

3 ここではデジカメの項目をクリックします。

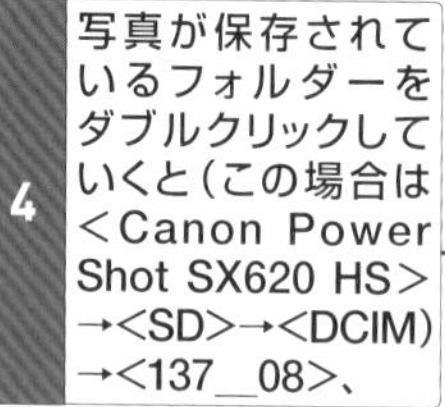

4 写真が保存されているフォルダーをダブルクリックしていくと（この場合は＜Canon Power Shot SX620 HS＞→<SD>→<DCIM)→<137__08>、

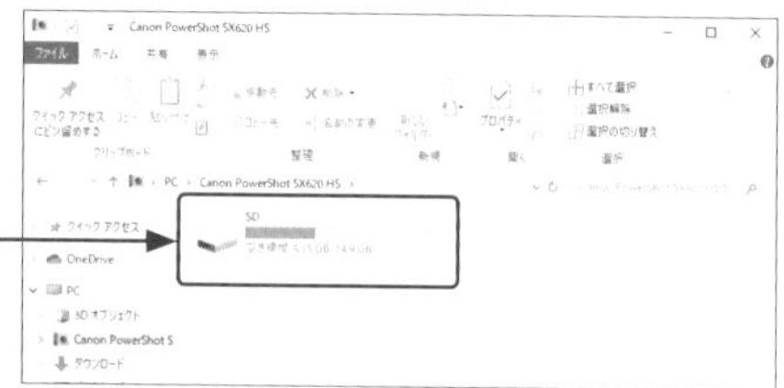

5 保存されている写真が表示されます。

2 自動再生の設定を変更する

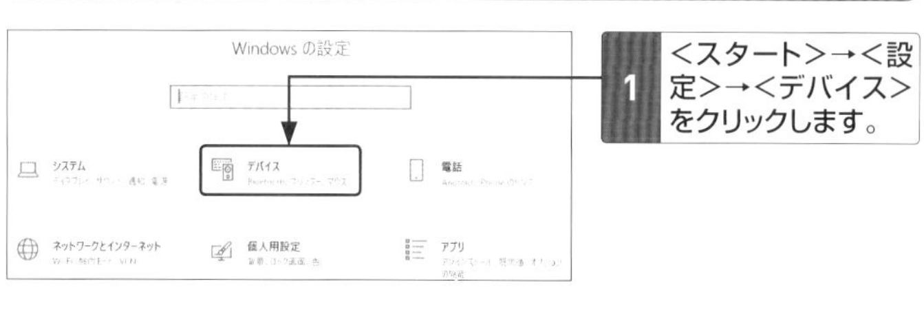

1 <スタート>→<設定>→<デバイス>をクリックします。

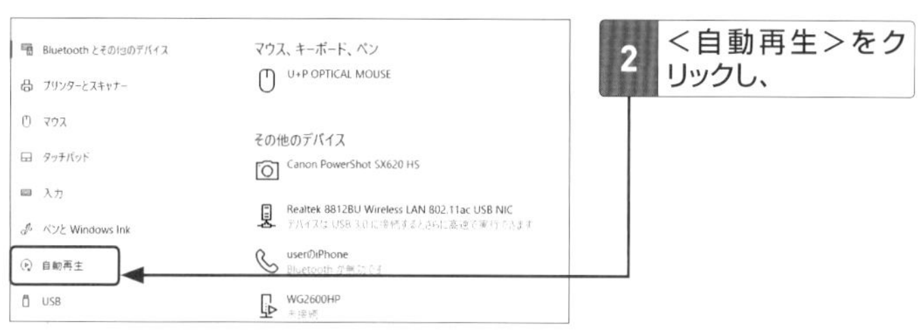

2 <自動再生>をクリックし、

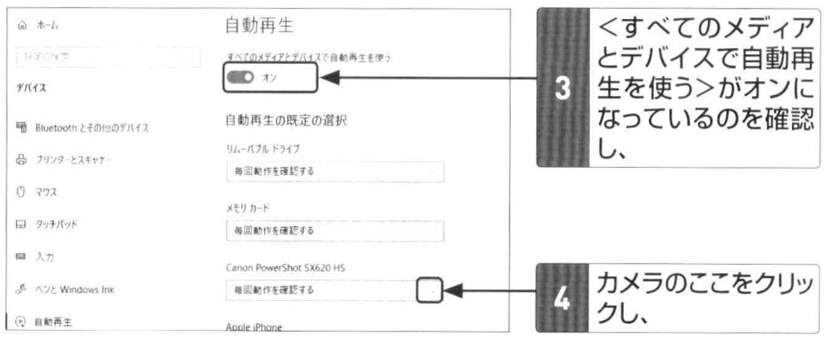

3 <すべてのメディアとデバイスで自動再生を使う>がオンになっているのを確認し、

4 カメラのここをクリックし、

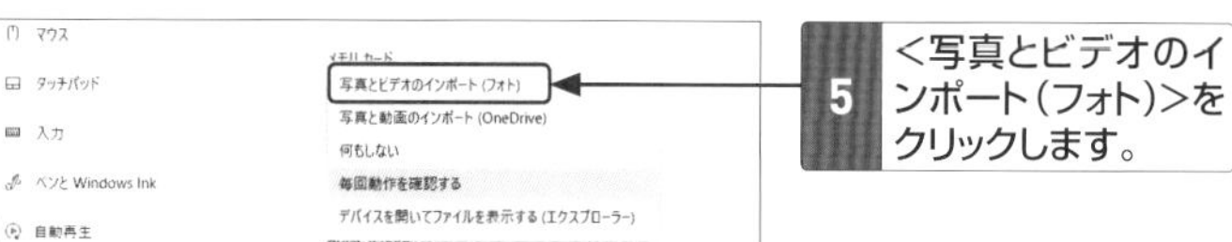

5 <写真とビデオのインポート(フォト)>をクリックします。

操作の選択画面が表示された場合

手順**5**の画面で「毎回動作を確認する」が選択されていると、カメラなどの機器の接続時に「○○に対して行う操作を選んでください。」というメッセージがデスクトップ上に表示されます。この場合はフォトの<写真とビデオのインポート>をクリックすると、写真を取り込むことができます。

困った度 ？？

一部の写真だけパソコンに取り込みたい

A ▶ 取り込みたい写真だけにチェックを付けてから、「フォト」アプリへのインポートを行います。

1 取り込む写真を選択する

デジタルカメラをパソコンに接続します。

1 「フォト」アプリ起動後、<すべて選択解除>をクリックし、

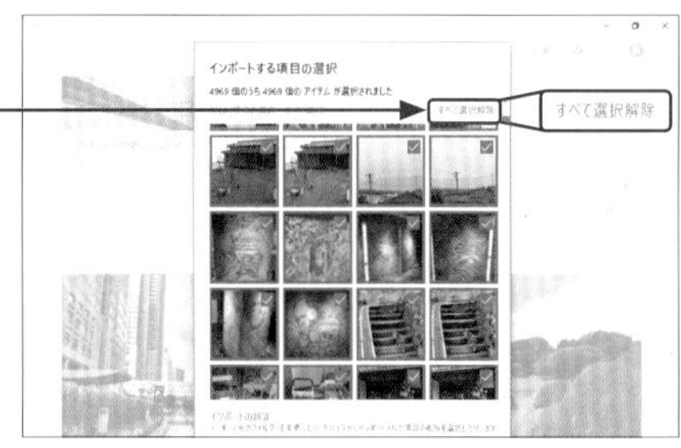

2 取り込みたい写真をクリックしてチェックを付けて、

3 <選択した項目のインポート>をクリックすると、インポートが開始されます。

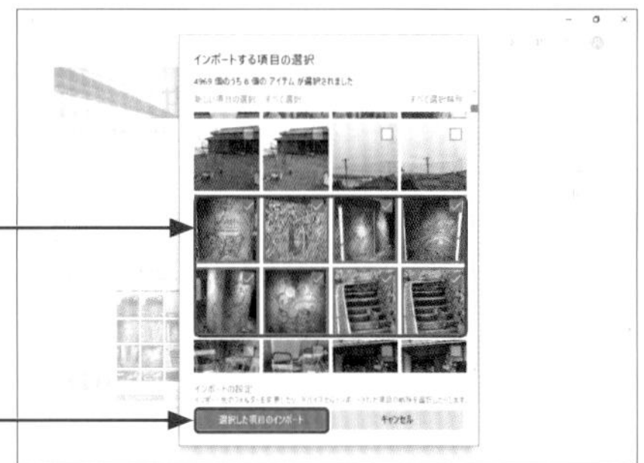

インポートを中止する

上の画面で<キャンセル>をクリックすると、インポートが中止され、再度写真を選択できます。

困った度 ？？

パソコンに取り込んだ写真を整理したい

A ▸ アルバムを作成して追加する写真を選択すると、ジャンル別などにまとめることができます。

1 新しいアルバムを作成する

1 「フォト」アプリ起動後、<アルバム>をクリックして、

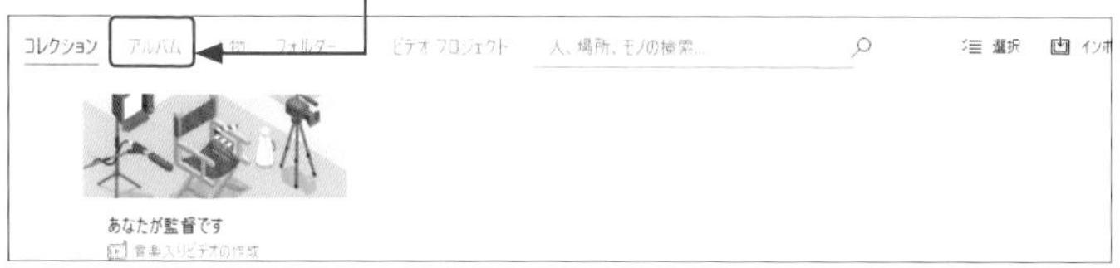

2 <新しいアルバム>をクリックします。

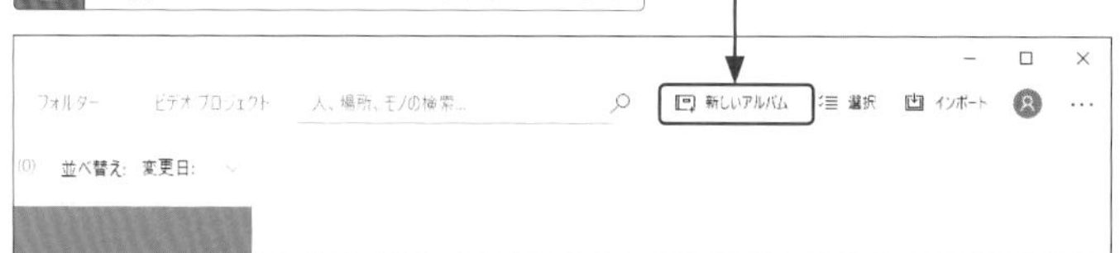

アルバムの新規作成画面が表示されます。

3 アルバムに追加したい写真をクリックしてチェックを付けて、

4 画面上部の<作成>をクリックします。

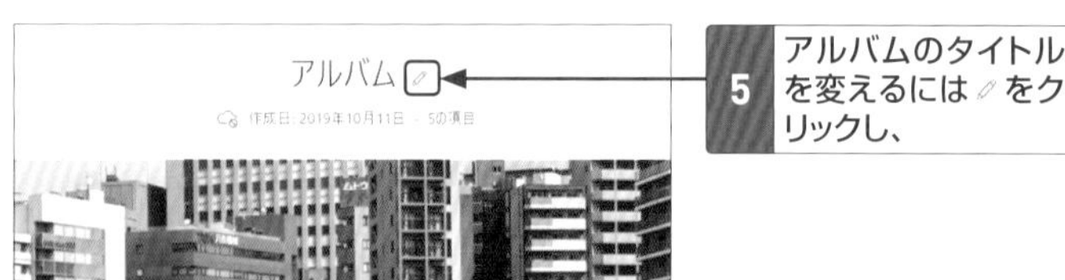

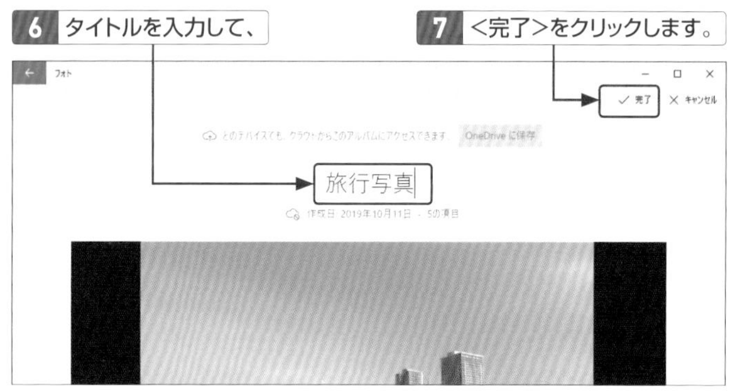

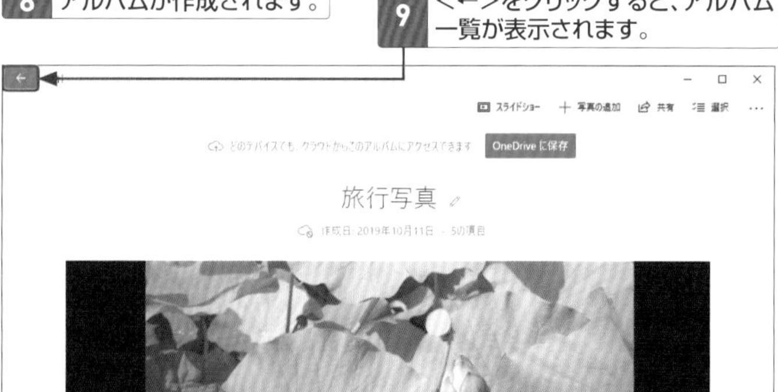

アルバムをOneDriveに保存する

手順8の画面で＜OneDriveに保存＞をクリックすると、アルバムをOneDrive上に保存し、ほかのデバイスから見ることができます。

困った度 ？？

Q106 写真をトリミングしたい

A ▸ 「フォト」アプリでツールを表示して、「トリミング」機能を使って切り抜きを行います。

1 「フォト」アプリで写真をトリミングする

「フォト」アプリを起動します。

1 トリミングしたい写真を表示して<編集と作成>をクリックし、

2 <編集>をクリックします。

3 <トリミングと回転>をクリックして、

4 四隅の○をドラッグして切り抜き範囲を指定したら、

5 <コピーを保存>をクリックして、写真を保存します。

困った度 

Q 107 写真の明るさを変えたい

A ▶ 「フォト」アプリでツールを表示して、「調整」機能を使って明るさを調整します。

1 「フォト」アプリで写真の明るさを調整する

P.145の手順1～2を参照し、「フォト」アプリで明るさを調整したい写真を表示して、ツールを表示します。

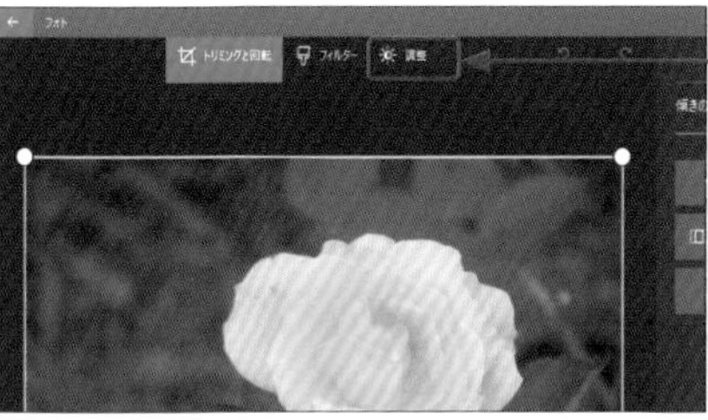

1 <調整>をクリックします。

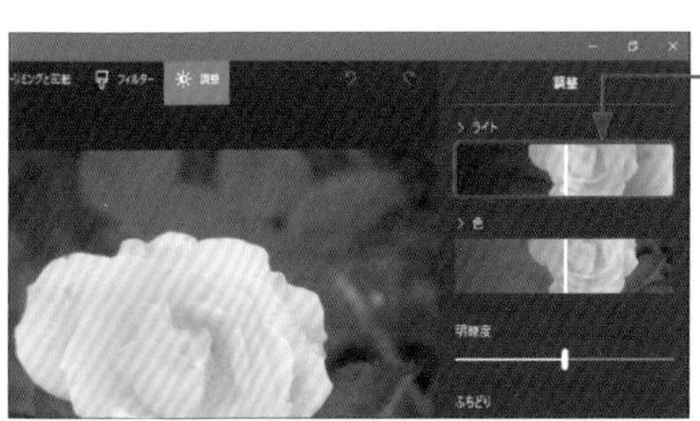

2 写真を明るくしたい場合は<ライト>のバーを右側に、暗くしたい場合は左側にドラッグします。ここでは、バーを左側に動かして暗くしています。

3 <コピーを保存>をクリックして、写真を保存します。

困った度 ?

横向きの写真を縦向きにしたい

A ▶ 「フォト」アプリでツールを表示して、「トリミングと回転」機能を使って写真の向きを調整します。

1 「フォト」アプリで写真の向きを調整する

P.145の手順1～2を参照し、「フォト」アプリで向きを調整したい写真を表示して、ツールを表示します。

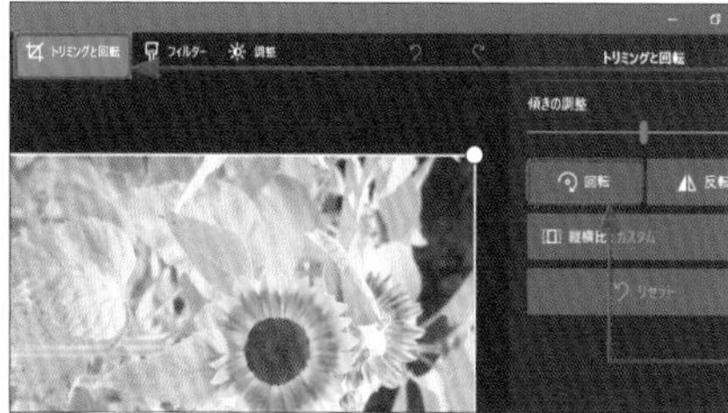

1 <トリミングと回転>をクリックして、

2 <回転>をクリックします。

3 <コピーを保存>をクリックして、写真を保存します。

写真の傾きを調整する

写真の傾きを細かく調整したい場合は、手順1の画面で<傾きの調整>を左右にドラッグします。

困った度 ？？？

Q109 DVDの映像が再生できない

A ▶ DVDの再生に対応したストアアプリや、フリーソフトをインストールして利用しましょう。

1 Windows DVD プレイヤーを入手する 有料

ウィンドウズ10はそのままではDVDを再生することができません。そのため、再生用のアプリやフリーソフトを利用します。ここでは「Windows DVD プレイヤー」（有料）と「VLCメディアプレイヤー」（無料）の2つを紹介します。

<スタート>ボタンから「Microsoft Store」アプリを起動します。

1 検索ボックスに「Windows DVD」と入力して、

2 候補に表示される<Windows DVD プレイヤー>をクリックします。

3 アプリの詳細が表示されるので<購入>をクリックしたあと、

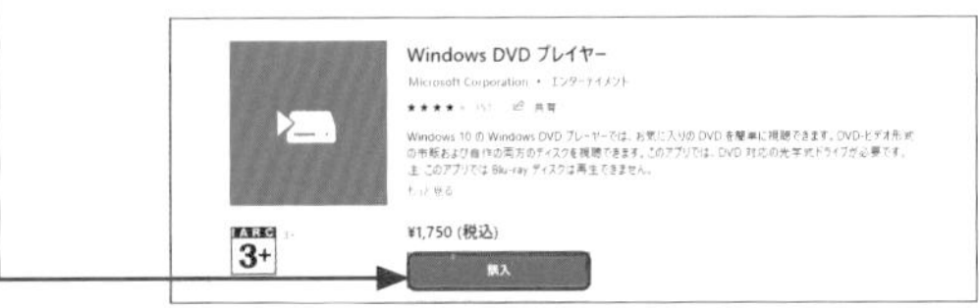

4 Microsoftアカウントのパスワードを入力して、

5 <サインイン>をクリックします。

画面の指示に従い購入方法などを選んでインストールを行い、そのあとパソコンにDVDをセットして再生します。

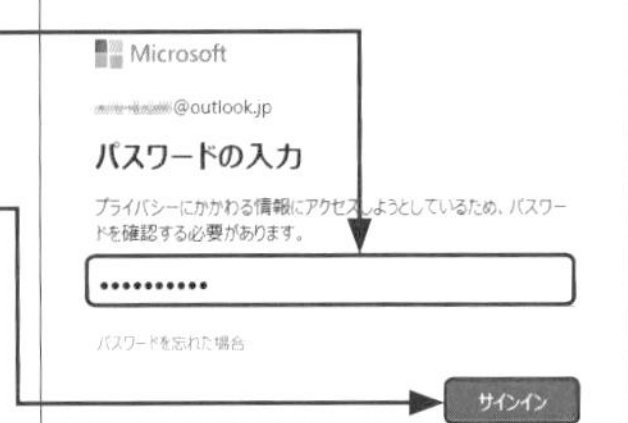

2 VLCメディアプレイヤーをインストールする 無料

Webブラウザから「https://www.videolan.org/vlc/」にアクセスします。

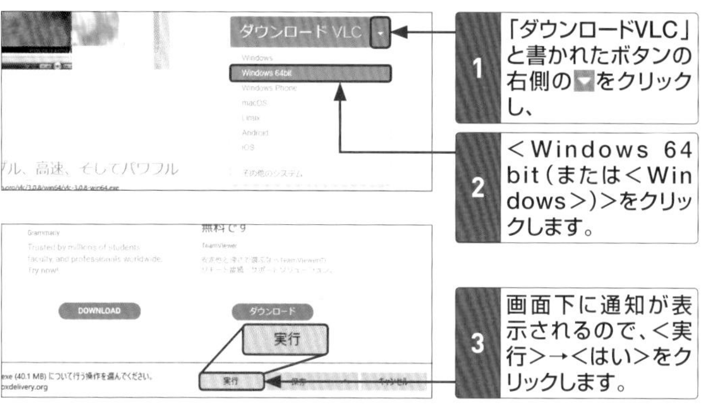

1 「ダウンロードVLC」と書かれたボタンの右側の▼をクリックし、

2 <Windows 64bit(または<Windows>)>をクリックします。

3 画面下に通知が表示されるので、<実行>→<はい>をクリックします。

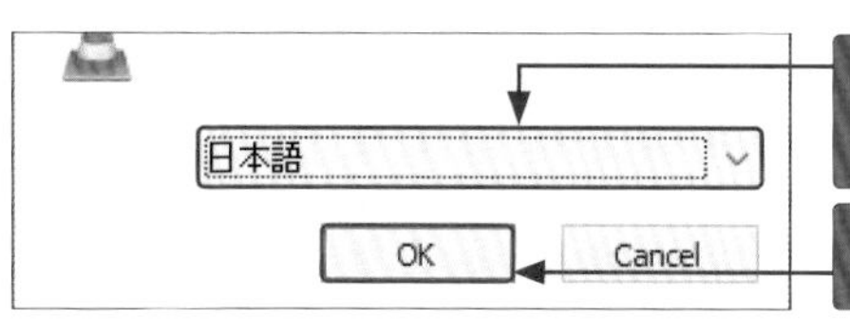

4 <日本語>が選択されていることを確認して、

5 <OK>をクリックします。

VLC media playerのセットアップ画面が表示されます。

6 <次へ>をクリックし、画面の指示に従ってインストールを完了させると、パソコンにセットしたDVDビデオを再生できます。

Microsoft アカウントを追加する

アプリをインストールする際は、Microsoft アカウントが必要になります。未設定の場合は「設定」画面の「メール&アプリのアカウント」から追加できます。

困った度 ？？？

音楽CDを再生したい

「Windows Media Player」を利用すると、音楽CDをパソコンで聞くことができます。

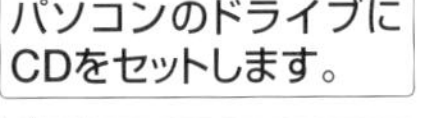

1 「Windows Media Player」を起動する

パソコンのドライブにCDをセットします。

1 <スタート>ボタンをクリックして、

2 <Windowsアクセサリ>をクリックし、

3 <Windows Media Player>をクリックします。

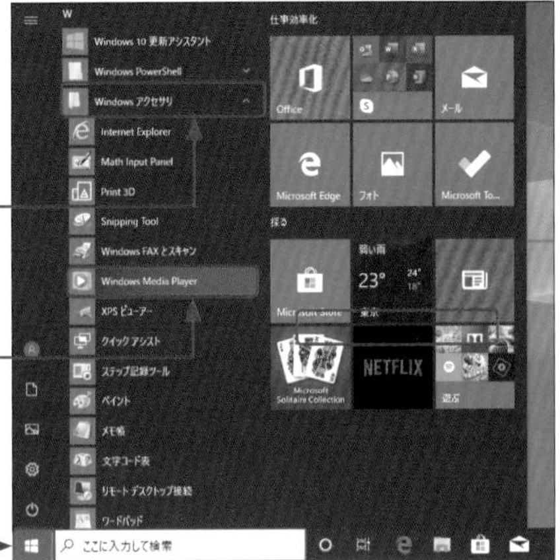

● ライブラリモード

アルバムや曲の一覧、再生リストなどが表示され、Windows Media Playerのすべての機能を利用できます。

● プレビューモード

再生・停止など、最低限の機能だけが表示されます。

2 Windows Media Playerで曲を再生する

1 Windows Media Player起動後、再生したい曲をダブルクリックすると、

2 曲の再生が開始されます。

3 <一時停止>をクリックするとボタンの形が変わり、曲の再生が停止します。

4 再度<再生>をクリックすると、曲が途中から再生されます。

メモ 再生コントロールの機能

Windows Media Playerの主な機能は下記の通りです。

音楽CDの曲を パソコンに取り込みたい

A ▶ 「Windows Media Player」を起動したあとパソコンにCDを挿入し、取り込みを行います。

1 音楽CDをパソコンに取り込む

「Windows Media Player」を起動して、パソコンのドライブにCDをセットします。	**1** <CDの取り込み>をクリックすると、

「取り込みオプション」画面が表示されます。

2 各種項目にチェックを付けて、

取り込みオプション ×

Windows Media Player では、CD から取り込んだ音楽を保護し、他のコンピューターでの使用を制限できます。

次のいずれかのオプションを選択してください。

○ 取り込んだ音楽にコピー防止を追加する(A)
CD から取り込んだ音楽は、このコンピューターおよび著作権保護をサポートする互換性のあるデバイスで再生できます。

● 取り込んだ音楽にコピー防止を追加しない(D)
CD から取り込んだ音楽は、任意のコンピューターおよびデバイスで再生できます。

☑ CD から取り込む音楽が、米国および各国の著作権法ならびに国際条約で保護されていること、および取り込んだ者自身が、それを適切に使用する上でのすべての責任を負うことを理解している(U)

OK　キャンセル　ヘルプ(H)

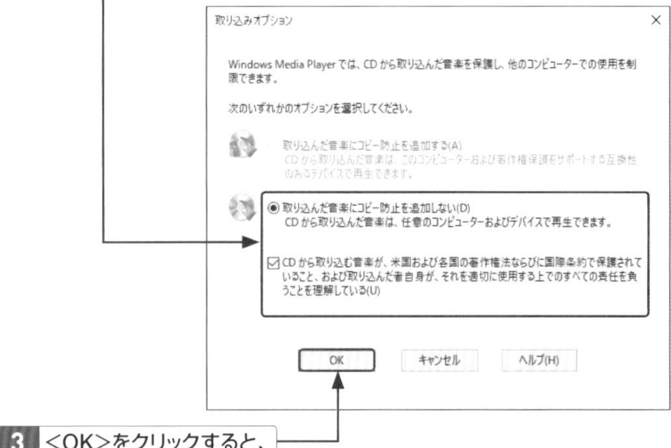

3 <OK>をクリックすると、

4 取り込みが開始され、進行状況が表示されます。

5 すべての曲の表示が「ライブラリに取り込み済み」になったら、CDを取り出します。

特定の曲だけをパソコンに取り込む

手順**1**の画面で曲名の前に表示されているチェックボックスのチェックを外すと、チェックが付いた曲だけをパソコンに取り込むことができます。

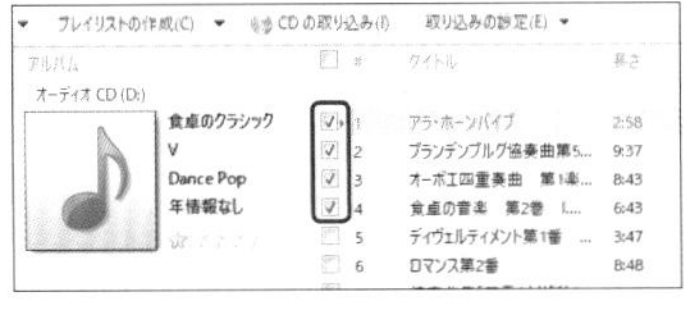

PART 7 写真・動画・音楽で困った!

困った度 ？？？

Q112 スピーカーから音が出なくなった

A ▶ 再生デバイスの設定画面を確認し、必要に応じてドライバーを更新します。

1 再生デバイスの設定を確認する

P.23を参照し、コントロールパネルを表示します。

1 <ハードウェアとサウンド>をクリックし、

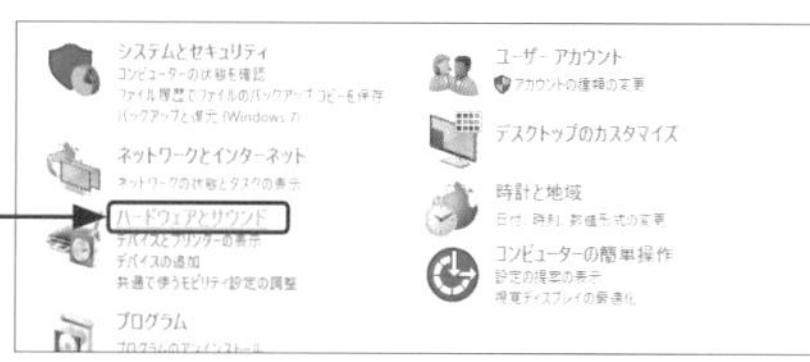

2 <サウンド>をクリックします。

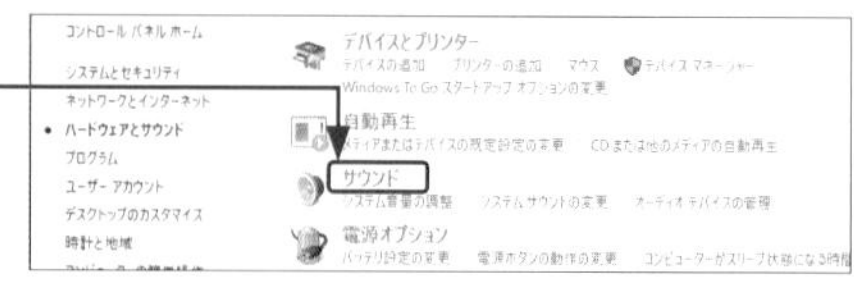

「サウンド」の設定画面が表示されます。

スピーカーに「既定のデバイス」と表示されていることを確認します。

3 表示されていない場合は<スピーカー>をクリックし、

4 <既定値に設定>をクリックして、

5 <OK>をクリックします。

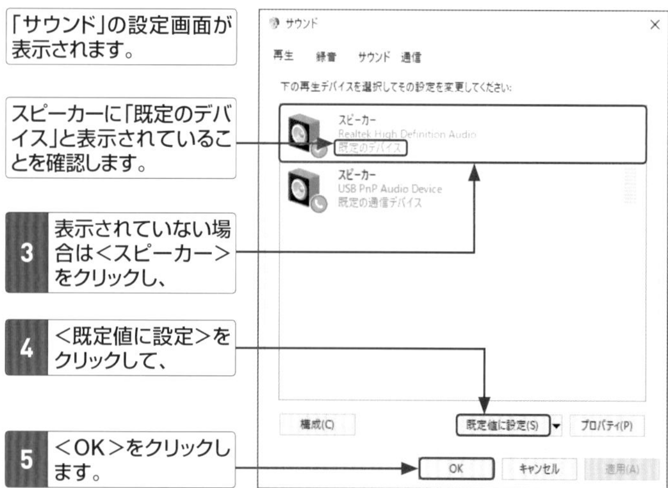

2 オーディオドライバーを更新する

P.154の設定をしても音が出ない場合は手順1～2を参照して、「ハードウェアとサウンド」の設定画面を表示します。

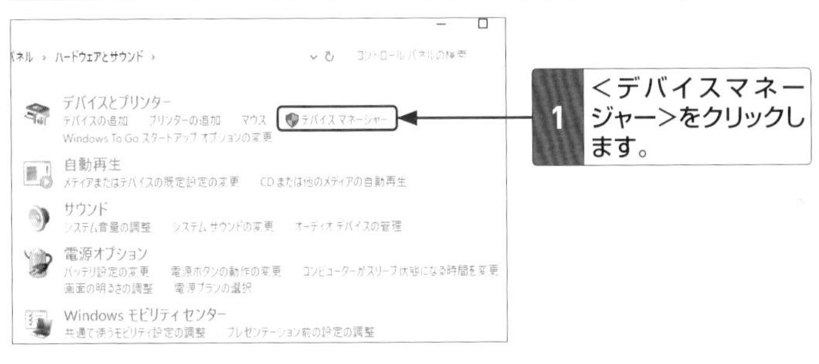

1 ＜デバイスマネージャー＞をクリックします。

2 ＜サウンド、ビデオ、およびゲームコントローラー＞をクリックし、

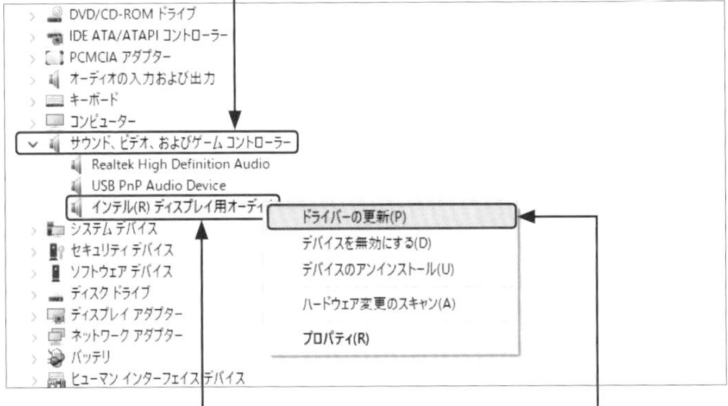

3 任意のスピーカーを右クリックして、

4 ＜ドライバーの更新＞をクリックします。

ドライバーとは?

ドライバーとはスピーカーやプリンターなどが正常に動くようにするためのソフトです。「デバイスマネージャー」では、パソコンで利用されているデバイスを確認し、それを動かすためのドライバーを更新できます。なお、手順2で表示されるオーディオドライバーなどはパソコンによって名前が変わります。

困った度 ??

Q113 パソコンでラジオが聴きたい

A ▶ 民放ラジオを聴ける「radiko」や、NHKの「らじる★らじる」などのサービスを利用します。

1 パソコンでラジオが聞けるサービス

ウィンドウズ10では、ストアからアプリをインストールしてラジオを聴くことも可能ですが、NHKや民放などの番組を簡単に聴くには、Webのサービスを利用すると便利です。ここでは主要なサービス2つを紹介します。

● radiko.jp

http://radiko.jp/

TBSラジオや文化放送など、各種民放のラジオ番号を聴くことができます。画面上部の<ライブ>をクリックすると、現在配信されている番組一覧が表示されます。番組をクリックして再生を開始します。

● らじる★らじる

https://www.nhk.or.jp/radio/

NHKのラジオ番組を聴くことができます。聴きたい番組をクリックすると新しいウィンドウが表示されるので、再生ボタンをクリックし、再生を開始します。

PART

8

ワードの操作で困った!

困った度 ？？

Q 114 ワードの操作メニューが消えた

A ▶ 画面上部のタブをクリックするか、<リボンの表示オプション>をクリックしてリボンを表示します。

1 タブをクリックする

1 ウィンドウ上部のいずれかのタブをクリックすると、リボンが表示されます。

2 設定を変更してリボンを常に表示する

1 ウィンドウ右上の<リボンの表示オプション>をクリックし、

2 <タブとコマンドの表示>をクリックすると、

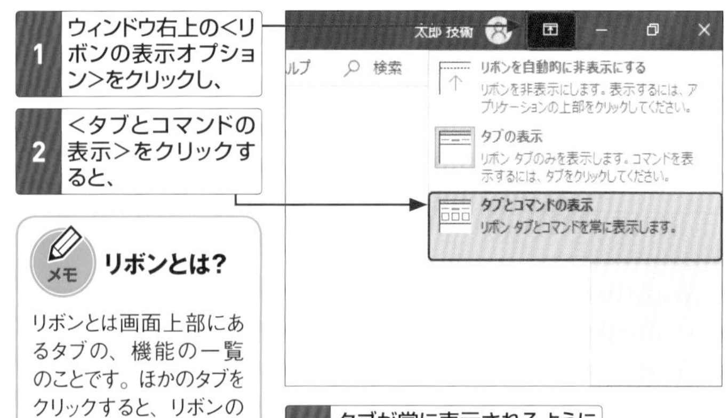

3 タブが常に表示されるようになります。

メモ リボンとは?

リボンとは画面上部にあるタブの、機能の一覧のことです。ほかのタブをクリックすると、リボンの内容も切り替わります。

困った度 ？？

段落番号を すばやく入力したい

A ▶ 番号のあとにピリオド「.」を入力し、内容を入力してから Enter キーを押しましょう。

1 段落番号を入力する

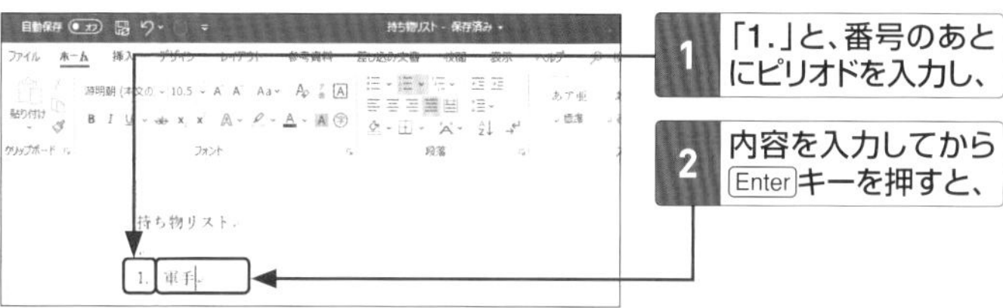

1 「1.」と、番号のあとにピリオドを入力し、

2 内容を入力してから Enter キーを押すと、

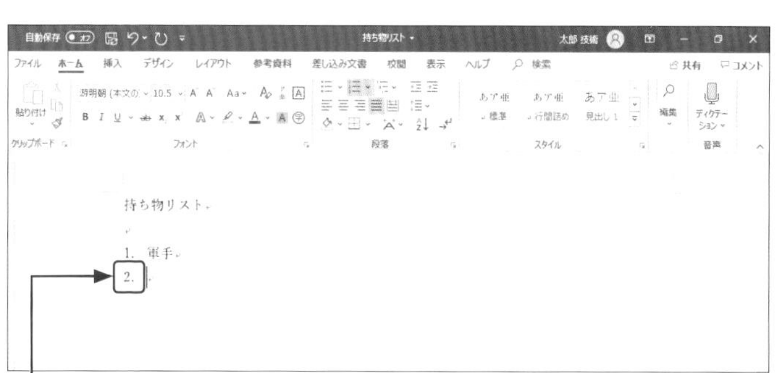

3 自動的に「2.」と入力されます。「3」以降も同様です。

そのほかの段落番号

入力した範囲を選択して、ホームタブの＜段落番号＞の ⌄ をクリックし、変更したい種類をクリックすると段落番号が変更されます。

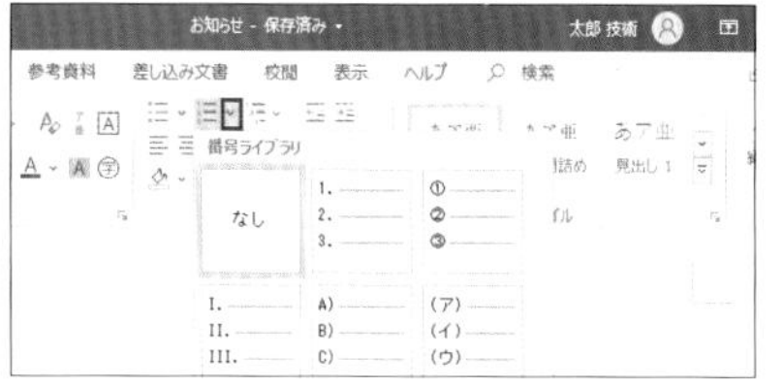

困った度 ???

書式が次の行に引き継がれないようにしたい

A ▶ 行末で Ctrl + スペース キーを押すと、フォントの書式がリセットされ標準に戻ります。

1 文字の書式を解除する

Enter キーを押して改行すると、フォントの種類や大きさなど、文字の書式がそのまま引き継がれます。

1 行末で Ctrl + スペース キーを押すと、

2 次の行からは文字の書式を解除してから、文字を入力することができます。

2 段落の書式を解除する

Enterキーを押して改行すると、箇条書きや中央揃えなど、段落の書式がそのまま引き継がれます。

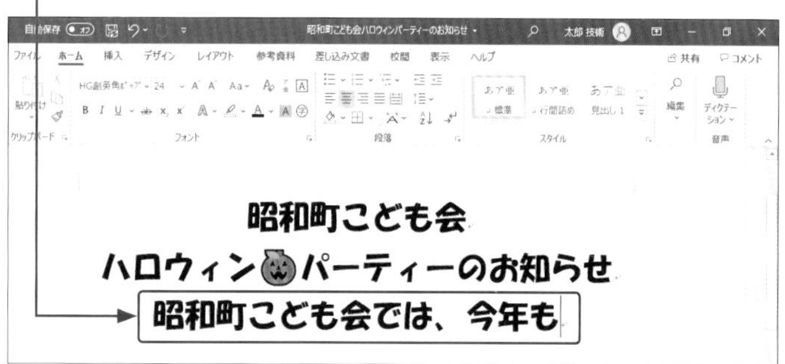

1 行頭でCtrl+Qキーを押すと、

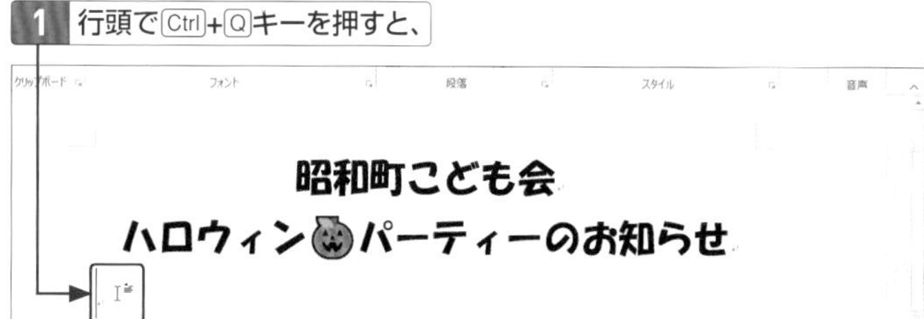

2 ここでは文字の書式はそのままで、段落の書式を解除してから文字を入力することができます。

昭和町こども会

ハロウィン パーティーのお知らせ

昭和町こども会では、今年も

文字の書式を解除するには

段落の書式の解除では、フォントや色付き文字など、文字に設定されている書式は解除されません。P.160を参照して文字の書式を解除します。

困った度 ？？

用紙を横長で使いたい

縦長の文書にするか、横長の文書にするかは、「レイアウト」タブの「印刷の向き」で指定できます。

1 用紙の向きを横にする

1 <レイアウト>タブをクリックし、

2 <印刷の向き>をクリックして、

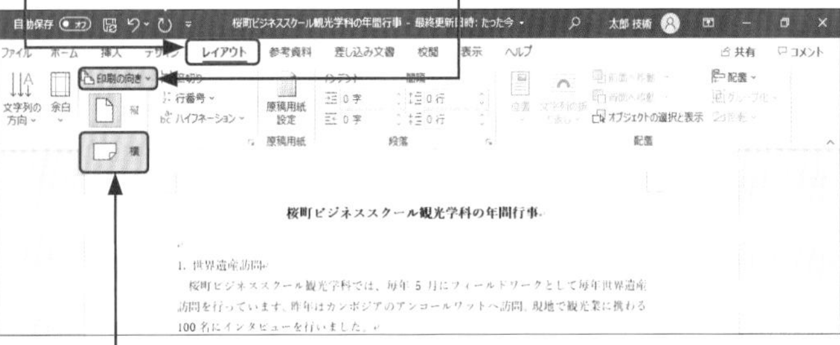

3 <横>をクリックします。

用紙が横長になります。

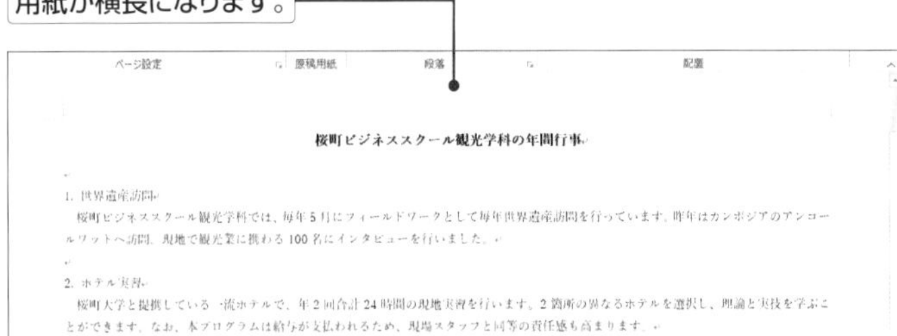

縦書きと横書きを切り替える

用紙の縦横を切り替えても、縦書き・横書きは変わりません。縦書き・横書きの切り替えかたは、P.163を参照しましょう。

文書を縦書きにしたい

横書きにするか縦書きにするかは、<レイアウト>タブの<文字列の方向>で指定できます。

1 横書きの文章を縦書きにする

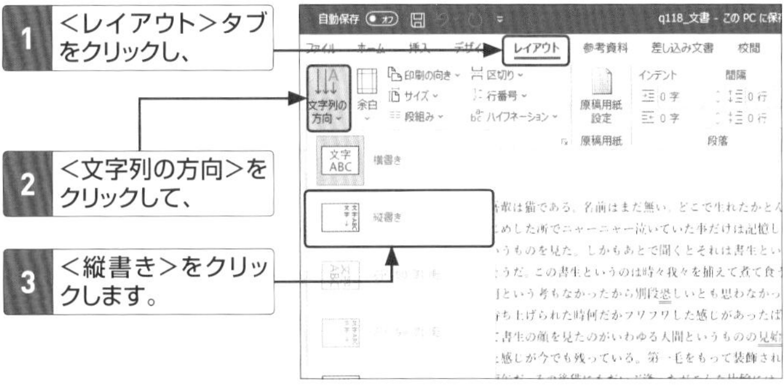

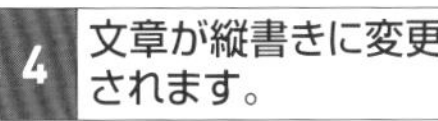

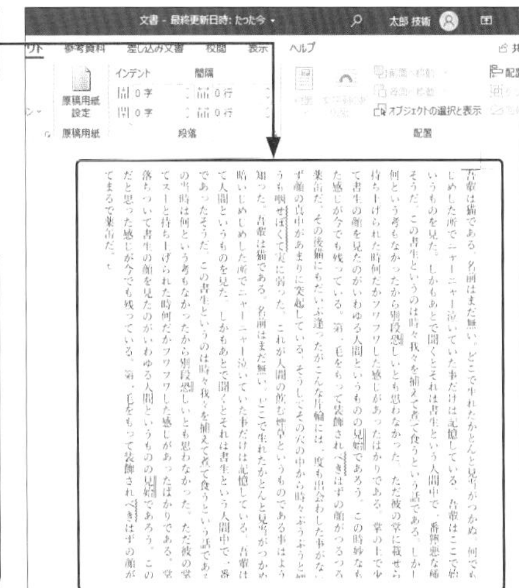

用紙の向きも変更される

横書きで作った文章を縦書きに変えると、同時に、用紙の向きも横長に変更されます。用紙の向きだけを変更したい場合は、P.162を参照しましょう。

困った度 ？？

Q119 文書にちょうどいい画像を入れたい

「オンライン画像」から気になる写真やイラストを探したあと、文面に配置しましょう。

1 オンライン画像を挿入する

1 ＜挿入＞タブをクリックし、

2 ＜オンライン画像＞をクリックします。

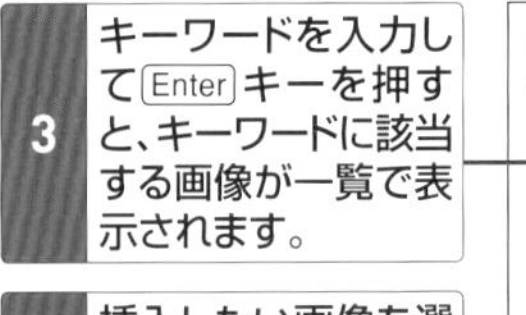

3 キーワードを入力して Enter キーを押すと、キーワードに該当する画像が一覧で表示されます。

4 挿入したい画像を選択し、

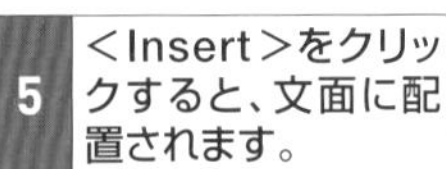

5 ＜Insert＞をクリックすると、文面に配置されます。

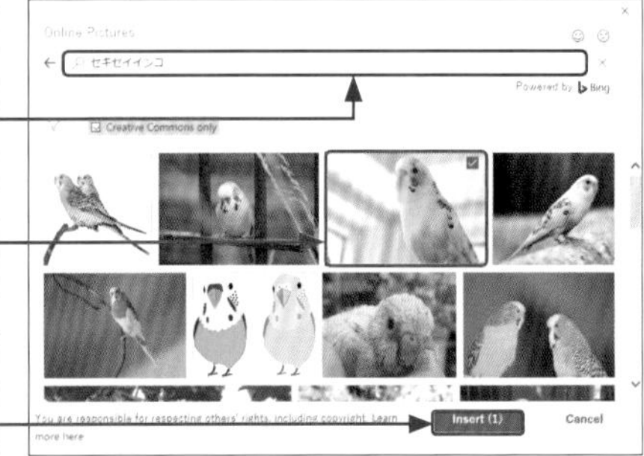

ライセンスを確認する

一般に公開する文書の場合、それぞれの画像のライセンス（使用が許される範囲）について、あらかじめよく確認しておきましょう。

困った度 ？？？

文書にイラストを入れたい

エクスプローラーからイラストをドラッグするのが一番簡単です。

1 写真やイラストを文書に挿入する

挿入したいイラストを表示します。

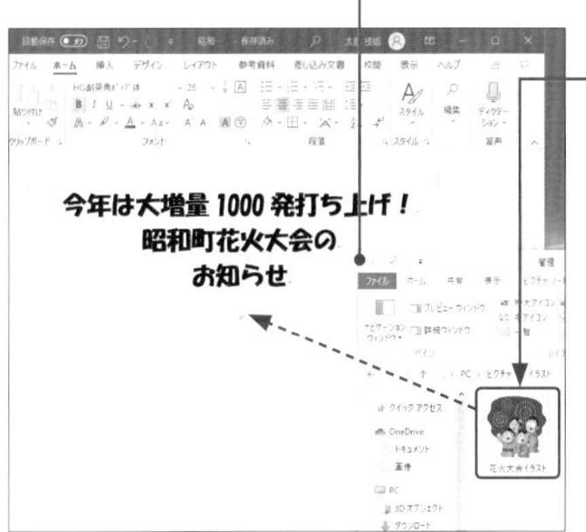

1 イラストをワードの文書にドラッグすると、

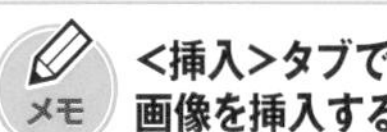

<挿入>をタブをクリックし、<図>をクリックしても、写真やイラストを挿入できます。

2 イラストが配置されます。

配置後、画像の四隅のツマミをドラッグすると、大きさを調整できます。

困った度 ？？？

画像やイラストを自由に移動したい

A ▶ 画像またはイラストをクリックして、<文字列の折り返し>で<行内>以外を選びましょう。

1 <行内>以外を選ぶ

1 移動したい画像またはイラストをクリックし、

2 <レイアウト>タブ→<文字列の折り返し>をクリックし、

3 <四角形>をクリックします。

4 画像やイラストをドラッグして、任意の場所に移動します。

今年は大増量 1000 発打ち上げ！
昭和町花火大会の
お知らせ

画像やイラストの大きさを調整する

画像やイラストをクリックし、四隅に表示されるツマミをドラッグするとサイズを自由に変更することができます。

2 代表的なレイアウトの種類

● 上下

文書の間にイラストや写真を挟み込むように配置できます。左のようにイラストなどを目立たせたいときに重宝します。

● 背面

文書の背景にイラストや写真を配置します。画像を配置することで紙面が華やかになります。文字が見えるよう画像の設定を適宜変えましょう。

● 前面

文書の前面にイラストや写真を配置します。利用するときは文字が画像などの後ろに隠れていないか注意しましょう。

フォント 段落 スタイル
今年は大増量 1000 発打ち上げ!
昭和町 花火大会の
お知ら せ

● 四角形

イラストや写真を移動すると、文字の配置も自動的に変わります。どのような配置がよいかいろいろ試したいときに活用できます。

そのほかのレイアウト

<行内>のレイアウトを選ぶと、イラストや画像が文字扱いとなり、文字と文字の間で簡単に移動できるようになります。

困った度 ???

Q122 画像が表示されなくなった

A ▶ ワードが「アウトライン」モードや「下書き」モードになっていないか、確認してみましょう。

1 アウトラインモードを解除する

1 アウトラインモードになっている場合は、<アウトライン>タブが選択されています。

2 <アウトライン表示を閉じる>をクリックすると、通常の表示モードに戻ります。

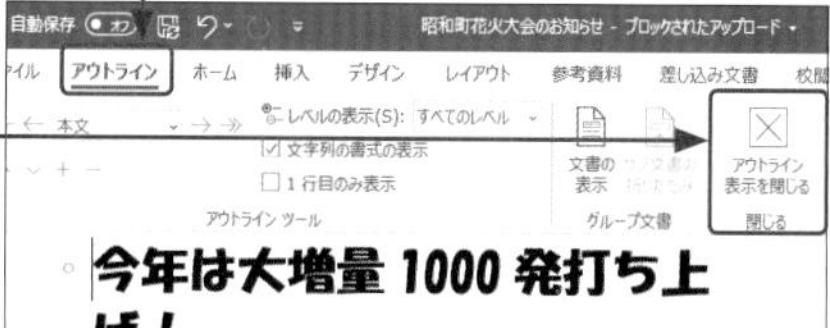

今年は大増量 1000 発打ち上げ！
昭和町花火大会のお知らせ

アウトラインモードとは？

文書のアイデアなどを箇条書きで書き留める形式を、アウトラインモードと呼びます。

2 下書きモードを解除する

1 <表示>タブをクリックします。

下書きモードがオンになっている場合は、<下書き>が選択されています。

2 <下書き>をクリックして、通常の表示モードに戻します。

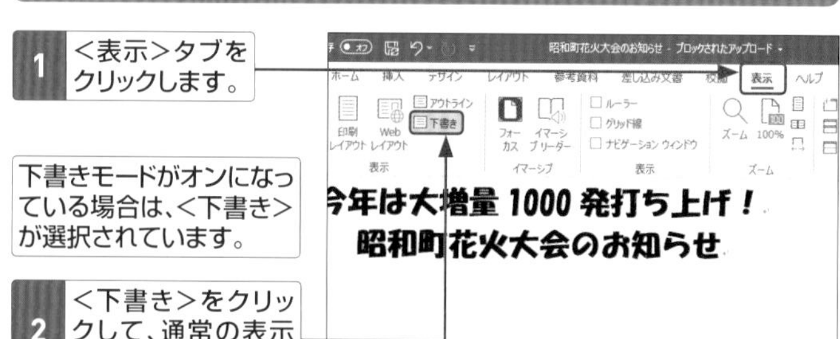

困った度 ？

Q123 ワードのファイルをPDFで保存したい

A ▶ <名前を付けて保存>からPDF形式を選択して保存しましょう。

1 ファイルをPDF形式で保存する

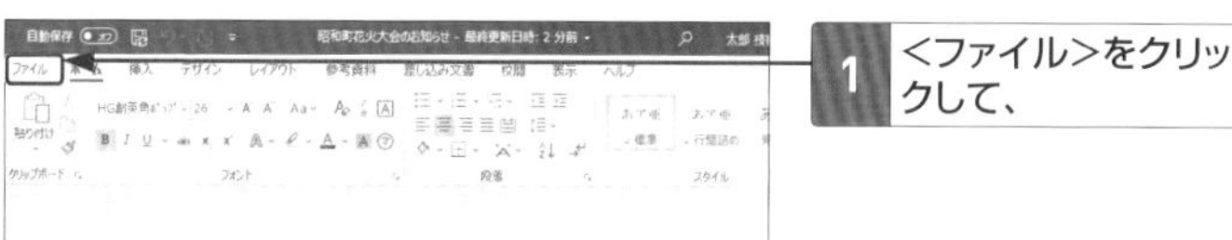

1 <ファイル>をクリックして、

2 <名前を付けて保存>をクリックします。

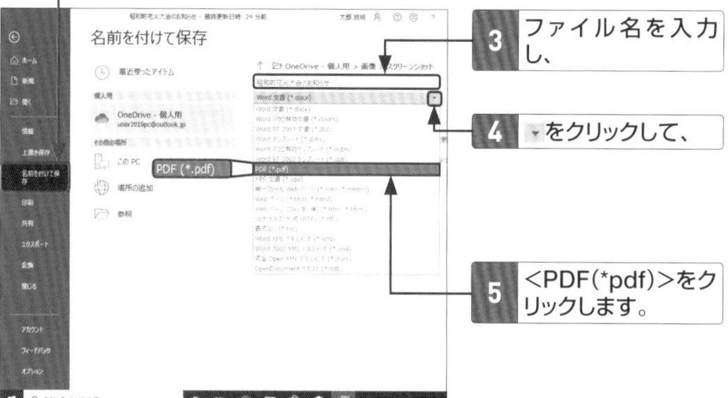

3 ファイル名を入力し、

4 ▾をクリックして、

5 <PDF(*pdf)>をクリックします。

6 <保存>をクリックすると、PDFファイルとして保存されます。

困った度 ？？？

Q124 大事な文書はバックアップしたい

A ワードのオプションメニューで「バックアップファイルを作成」にチェックを付けます。

1 バックアップファイルを作成する

ワードの文書を開きます。

1 <ファイル>タブをクリックし、

2 <オプション>をクリックします。

バックアップファイルとは

本項で紹介する操作を有効にすると、保存時にバックアップファイルが自動で作成されます。もし誤って上書き保存した場合でも、バックアップファイルを開くことで文書の内容を書き変える前の状態を確認できます。

「Wordのオプション」画面が表示されます。

3 <詳細設定>をクリックし、

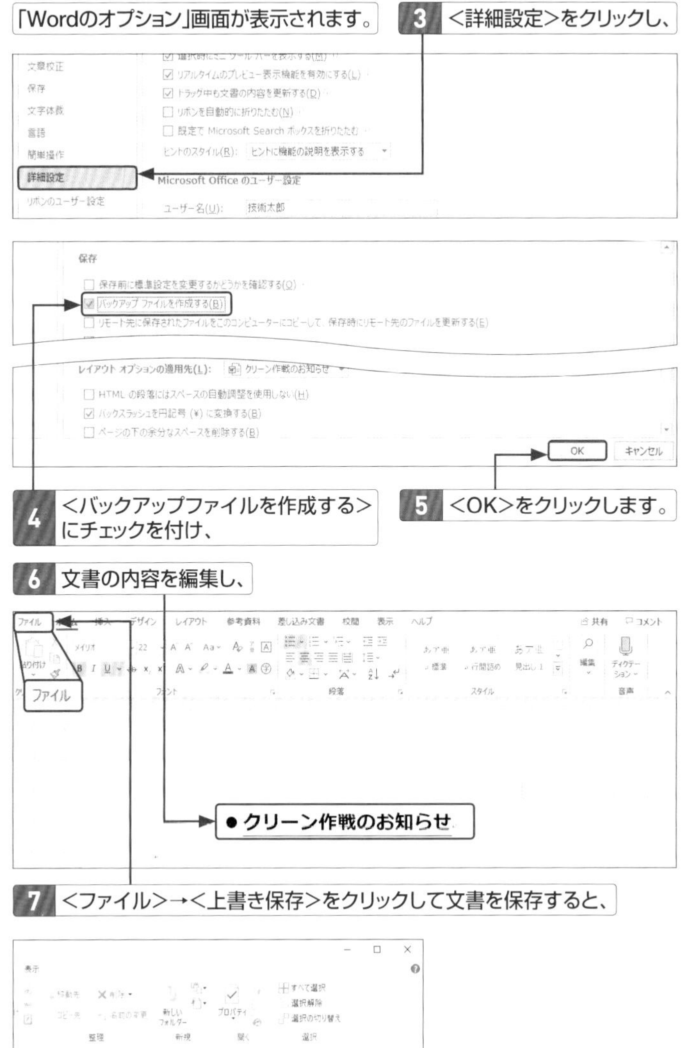

4 <バックアップファイルを作成する>にチェックを付け、

5 <OK>をクリックします。

6 文書の内容を編集し、

7 <ファイル>→<上書き保存>をクリックして文書を保存すると、

8 文書のバックアップファイルが、元のファイルと同じ場所に、自動的に保存されます。

困った度 ? ?

Q125 エクセルで作った表をワードに貼り付けたい

A ▶ エクセルで表をコピーしたあと、ワードにそのまま貼り付けることができます。

1 エクセルの表をワードに配置する

コピー元のエクセルファイルを開いておきます。

1 ワードに配置したい部分を選択して右クリックし、

2 ＜コピー＞をクリックします。

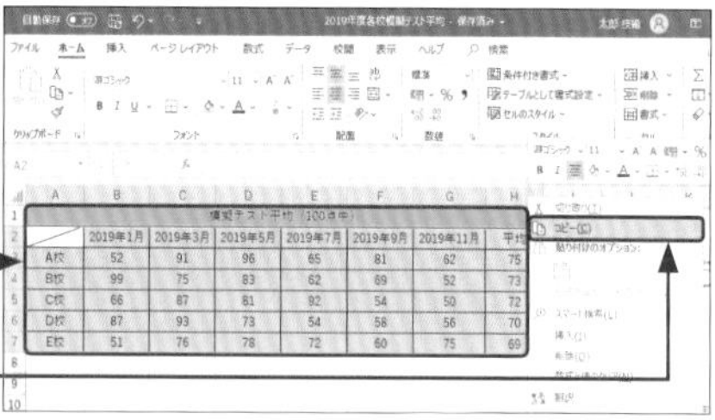

模擬テスト平均（100点中）							
	2019年1月	2019年3月	2019年5月	2019年7月	2019年9月	2019年11月	平均
A校	52	91	96	65	81	62	75
B校	99	75	83	62	69	52	73
C校	66	87	81	92	54	50	72
D校	87	93	73	54	58	56	70
E校	51	76	78	72	60	75	69

貼り付け先のワードファイルを開きます。

3 貼り付けたい箇所にカーソルを合わせて右クリックし、

4 ＜貼り付けオプション＞でここでは＜元の書式を保持＞をクリックすると、

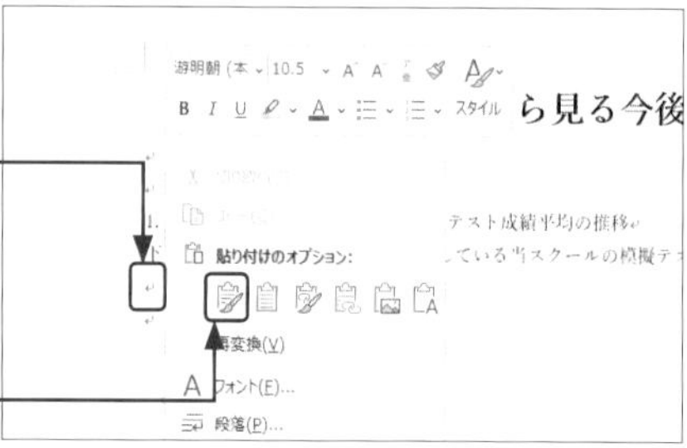

5 エクセルの表が配置されます。

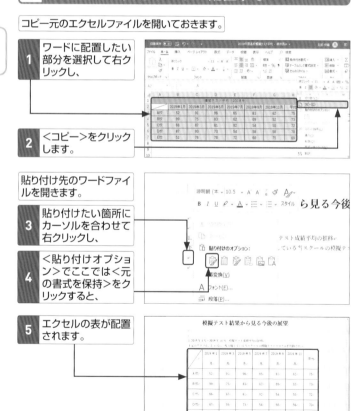

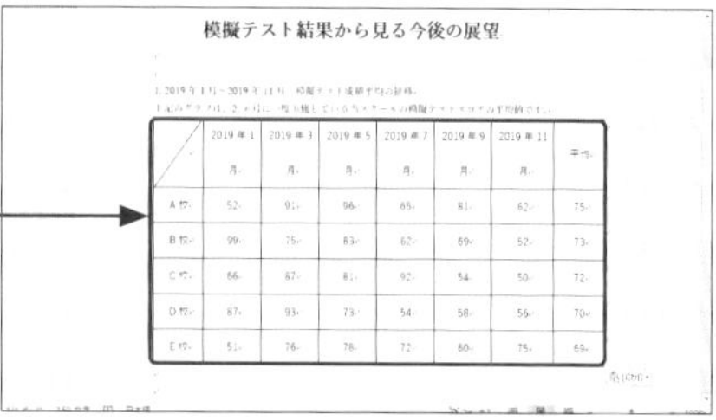

PART

9

エクセルの操作で

困った!

困った度 ? ?

行番号・列番号が表示されない

A ▸ <ファイル>→<オプション>→<詳細設定>から<行列番号を表示する>をオンにします。

1 エクセルの設定を変更する

1 <ファイル>タブをクリックし、

2 <オプション>をクリックします。

「Excelのオプション」画面が表示されます。

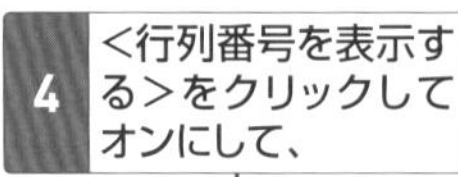

3 <詳細設定>をクリックし、

4 <行列番号を表示する>をクリックしてオンにして、

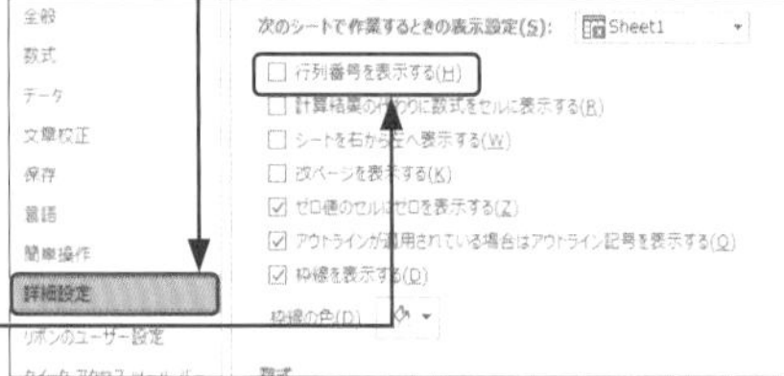

5 <OK>をクリックします。

シートごとに設定を変える

行列番号表示の設定は、シートごとに変えることができます。

困った度 ？？？

Q127 数式バーが表示されない

A ▶ <表示>タブの<数式バー>にチェックを付けます。

1 数式バーを表示する

1 <表示>タブをクリックし、

2 <数式バー>のチェックボックスをクリックして、オンにします。

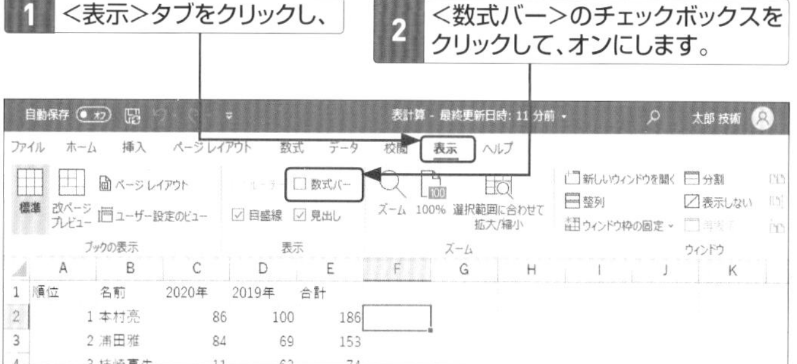

3 数式バーが表示されました。

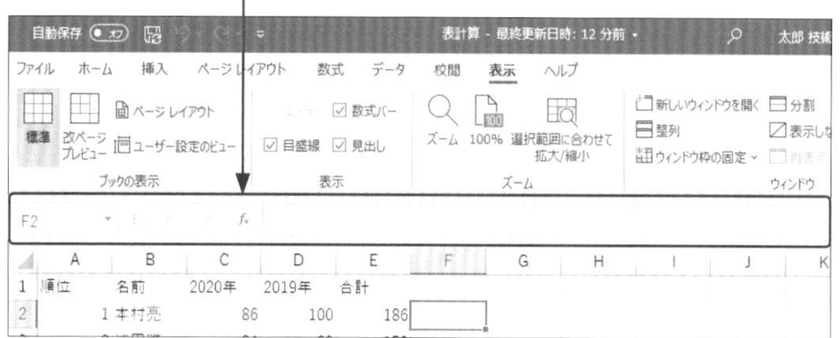

目盛線などの表示設定を変える

手順2の画面では、<数式バー>以外に<目盛線><見出し>の表示の有無も変更できます。

困った度 ？？？

Q128 セルに文字や数値が入力できない

A ▸ エクセルのシートが保護されている可能性があるので、保護を解除します。

1 シートの保護を解除する

1 <ホーム>タブをクリックし、

2 <書式>をクリックして、

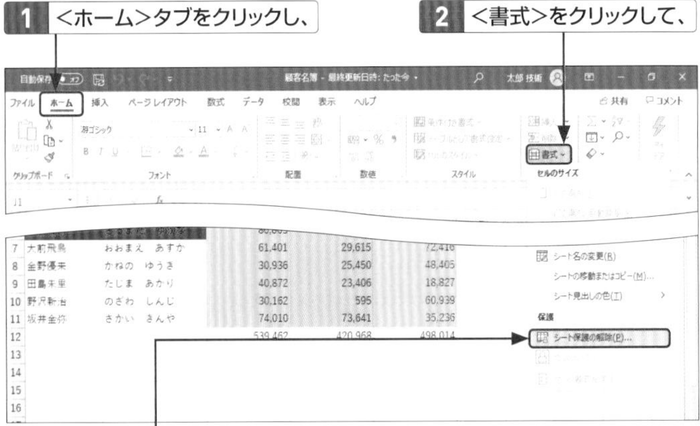

3 表示されたメニューで<シート保護の解除>をクリックします。

4 パスワードを求められたら、シートを保護する際に設定したパスワードを入力し、<OK>をクリックします。

メモ 保護されているシートは編集できない

保護されているシートに変更を加えようとした場合、下のようなメッセージが表示され、内容を編集することはできません。

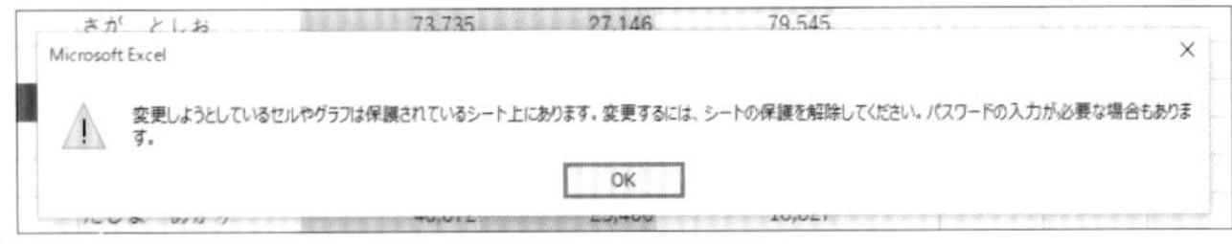

2 エクセルのオプション画面を表示する

一度データを入力したセルをダブルクリックしても編集できない場合は、下記のように設定を行います。

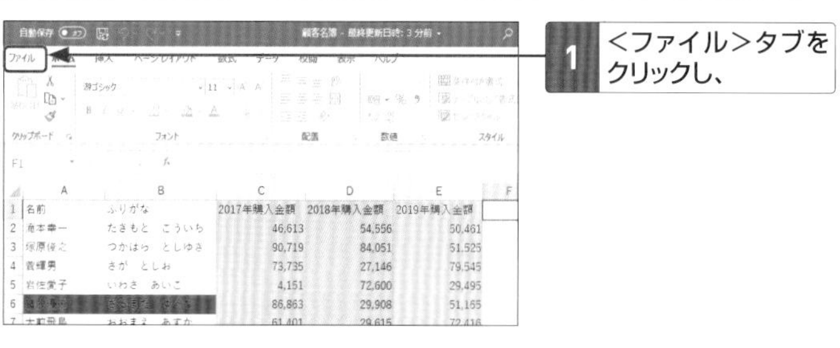

1 <ファイル>タブをクリックし、

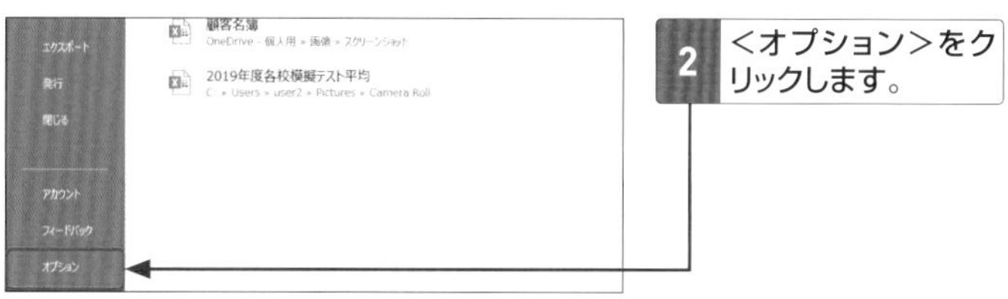

2 <オプション>をクリックします。

3 <詳細設定>をクリックし、

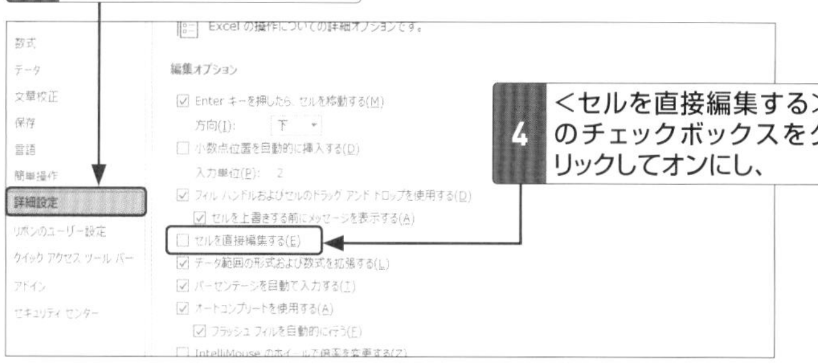

4 <セルを直接編集する>のチェックボックスをクリックしてオンにし、

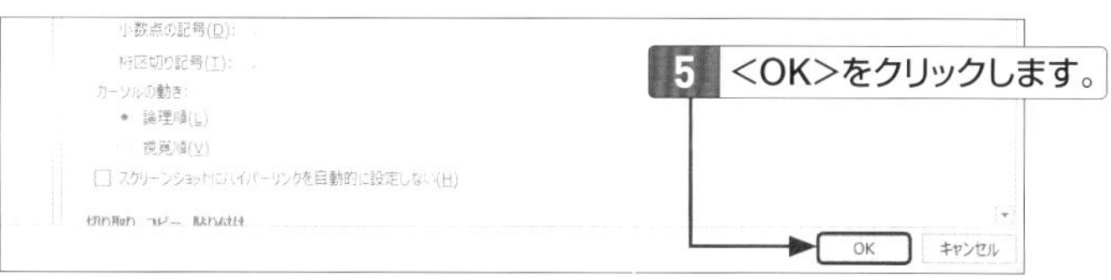

5 <OK>をクリックします。

以降は、データを入力したセルをダブルクリックすると編集モードになり、内容を変更できるようになります。

困った度 ？？？

Q129 数値の先頭の「0」が表示されない

A ▶ <セルの書式設定>のメニューを表示し、数値を文字列として扱うように指定します。

1 文字列として入力する

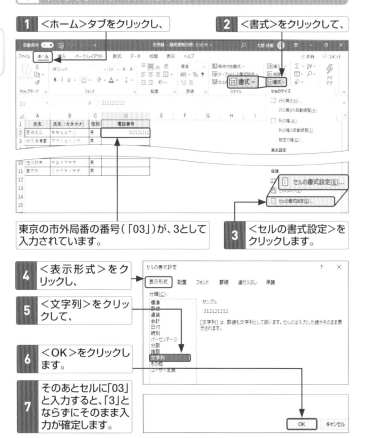

1 <ホーム>タブをクリックし、

2 <書式>をクリックして、

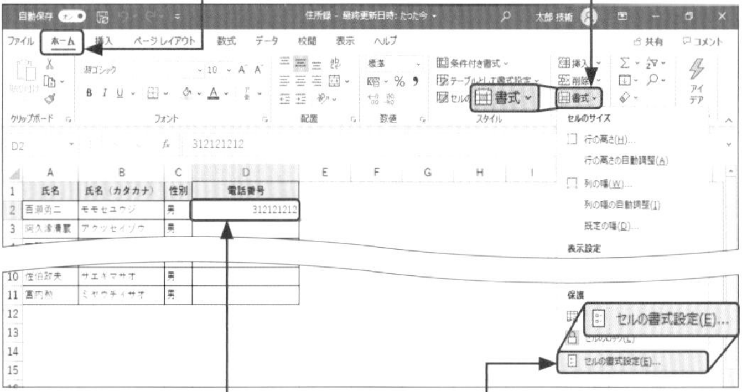

東京の市外局番の番号(「03」)が、3として入力されています。

3 <セルの書式設定>をクリックします。

4 <表示形式>をクリックし、

5 <文字列>をクリックして、

6 <OK>をクリックします。

7 そのあとセルに「03」と入力すると、「3」とならずにそのまま入力が確定します。

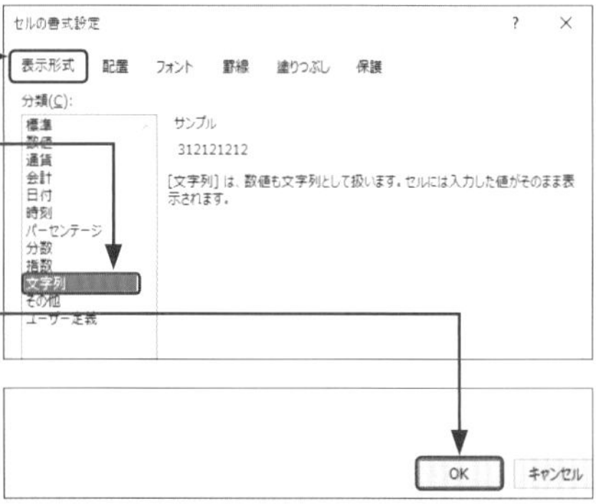

困った度 ？？？

Q130 「1-2-3」のように入力すると日付になる

A ▶ 表示形式が「日付」になっているので、<セルの書式設定>で文字列として扱うように指定します。

1 文字列として入力する

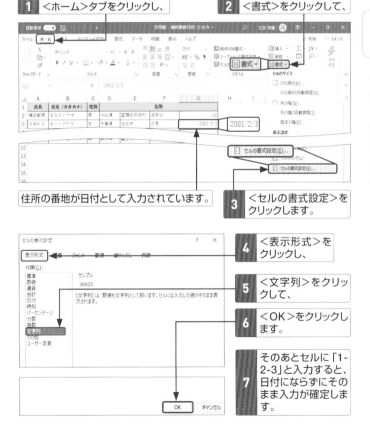

1 <ホーム>タブをクリックし、

2 <書式>をクリックして、

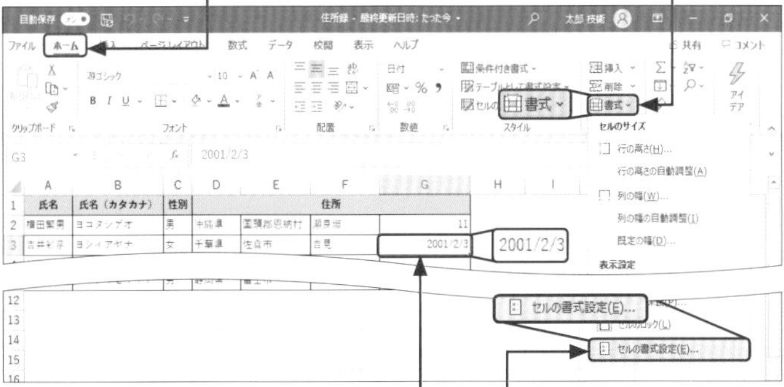

3 <セルの書式設定>をクリックします。

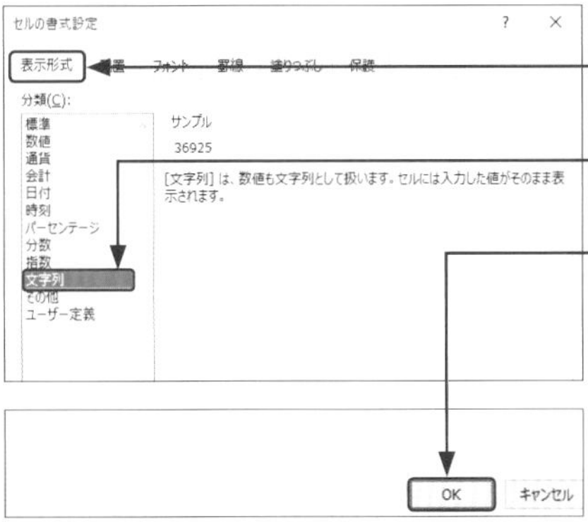

住所の番地が日付として入力されています。

4 <表示形式>をクリックし、

5 <文字列>をクリックして、

6 <OK>をクリックします。

7 そのあとセルに「1-2-3」と入力すると、日付にならずにそのまま入力が確定します。

困った度 ? ?

カッコ付きの数値を入力すると負の数値になる

A ▶ 「セルの書式設定」のメニューを表示したあと、数値の表示方法を変更します。

1 負の数の表示形式を変更する

1 <ホーム>タブをクリックし、

2 <書式>をクリックして、

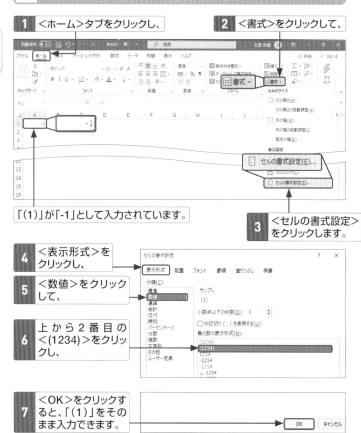

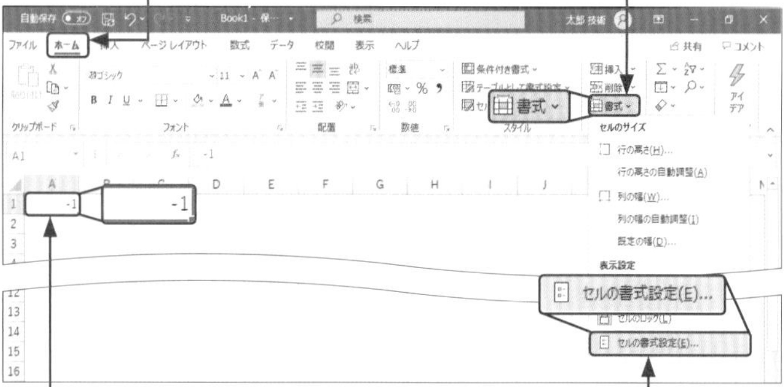

「(1)」が「-1」として入力されています。

3 <セルの書式設定>をクリックします。

4 <表示形式>をクリックし、

5 <数値>をクリックして、

6 上から2番目の<(1234)>をクリックし、

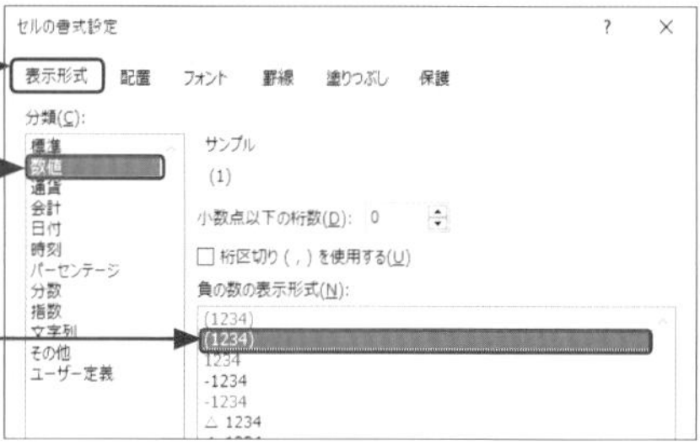

7 <OK>をクリックすると、「(1)」をそのまま入力できます。

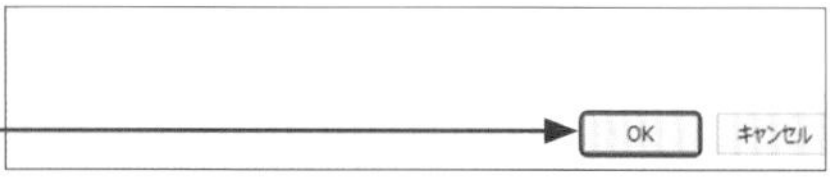

PART 9 エクセルの操作で困った！

困った度

「年/月」と入力すると英語で表示されてしまう

「セルの書式設定」のメニューを表示したあと、日付の種類を変更します。

1 日付の表示形式を変更する

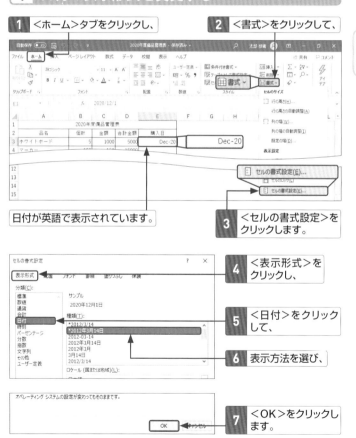

1 <ホーム>タブをクリックし、

2 <書式>をクリックして、

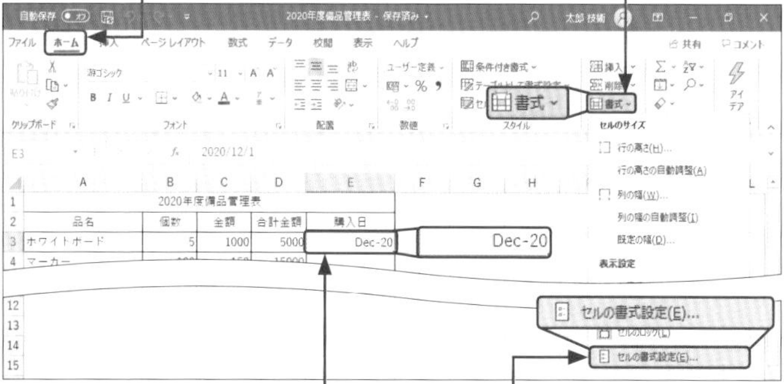

3 <セルの書式設定>をクリックします。

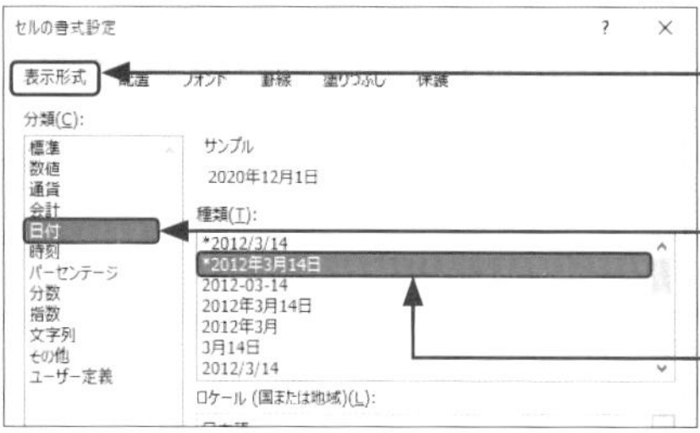

日付が英語で表示されています。

4 <表示形式>をクリックし、

5 <日付>をクリックして、

6 表示方法を選び、

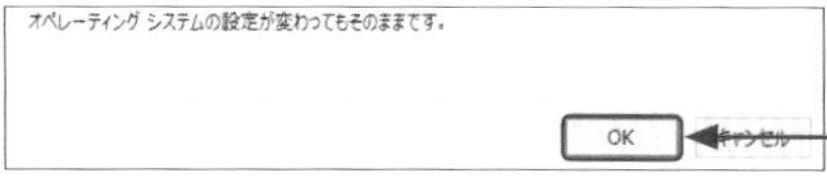

7 <OK>をクリックします。

Q 133 セルに「####」と表示される

A ▶ セルの幅が狭すぎるのが原因です。文字を小さくするか列幅を拡げると、正しく表示されます。

1 列幅を拡げてすべてを表示させる

1 「####」と表示されている列番号の境界線にマウスポインターを合わせ、形が+に変わった状態でドラッグすると、

B3 35709104
幅: 6.63 (58 ピクセル)

	A	B	C	D
1	本年度上半期前者売上			
2		前年度	本年度	前年比
3	札幌支店	#####		
4	仙台支店	#####		
5	東京本店	#####		
6	名古屋支店	#####		
7	大阪支店	#####		
8	福岡支店	#####		
9	合計	#####		
10				

2 セルの内容がすべて表示されます。

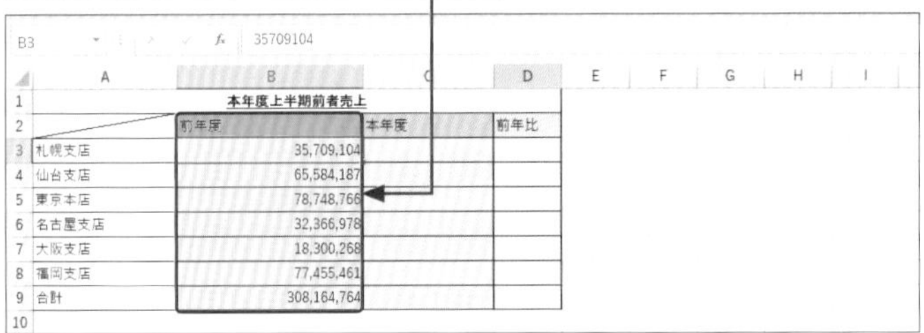

B3 35709104
本年度上半期前者売上
前年度
本年度
前年比
札幌支店 35,709,104
仙台支店 65,584,187
東京本店 78,748,766
名古屋支店 32,366,978
大阪支店 18,300,268
福岡支店 77,455,461
合計 308,164,764

文字サイズを小さくする

上記のほか、列の幅に収まるようセルの文字サイズを小さくする方法もあります。セルを選択したあと、＜ホーム＞タブの＜書式＞で＜セルの書式設定＞をクリックします。＜配置＞タブで＜縮小して全体を表示する＞のチェックボックスをクリックしてオンにすると、文字サイズが小さくなります。

困った度 ? ?

Q134 文字が勝手に入力される

A ▶ 続きが自動的に入力される「オートコンプリート」の機能をオフに切り替えましょう。

1 オートコンプリートをオフにする

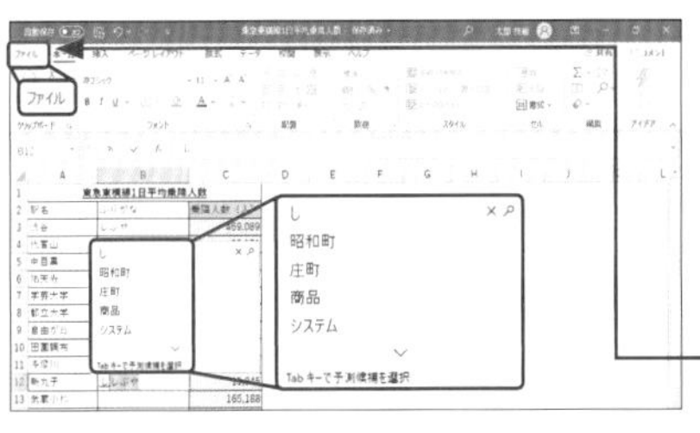

「オートコンプリート」がオンだと、文字入力の際にほかのセルにある単語が候補として表示されます。

1 <ファイル>タブをクリックし、

2 <オプション>をクリックします。

3 <詳細設定>をクリックし、

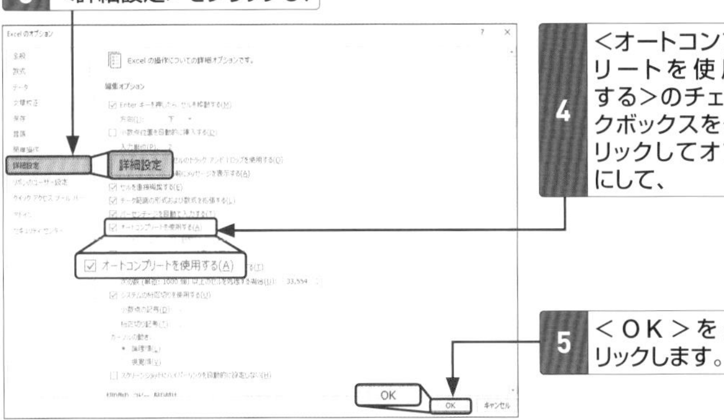

4 <オートコンプリートを使用する>のチェックボックスをクリックしてオフにして、

5 <ＯＫ>をクリックします。

困った度 ?

Q 135 セルの幅を変えずにコピー＆ペーストしたい

▶ ＜形式を選択して貼り付け＞のメニューで、＜元の列幅を保持＞をクリックして選択しましょう。

1 貼り付けのオプションを使う

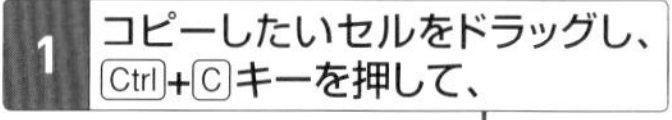

1 コピーしたいセルをドラッグし、Ctrl+Cキーを押して、

2 貼り付けたいセルを右クリックし、

	A	B	C	D	E	F
1	社員コード	支店名	入社年度	社員名	フリガナ	役職
2	9010	本店	2010	谷口喜美子	タニグチ　キミコ	副店長
3	9011	札幌支店	1999	長野鉄夫	ナガノ　テツオ	部長
4	9012	名古屋支店	2020	杉田栄美	スギタ　エミ	なし
5	9013	本店	2008	内田嗣	ウチダ　ミツグ	主任
6	9014	福岡支店	1990	井沢貞治	イザワ　タクジ	課長
7	9015	大阪支店	2020	松川千里	マツカワチサト	なし
8	9016	大阪支店	2018	井上彩	イノウエ　アヤ	なし
9	9017	札幌支店	2017	吉沢千裕	フルサワチヒロ	なし
10	9018	本店	2016	中根明紀	ナカネアキノリ	主任

貼り付けのオプション：
形式を選択して貼り付け(S)...
スマート検索(L)
コピーしたセルの挿入(E)...
削除(D)...
数式と値のクリア(N)
フィルター(E)

3 ＜形式を選択して貼り付け＞にポインターを合わせ、

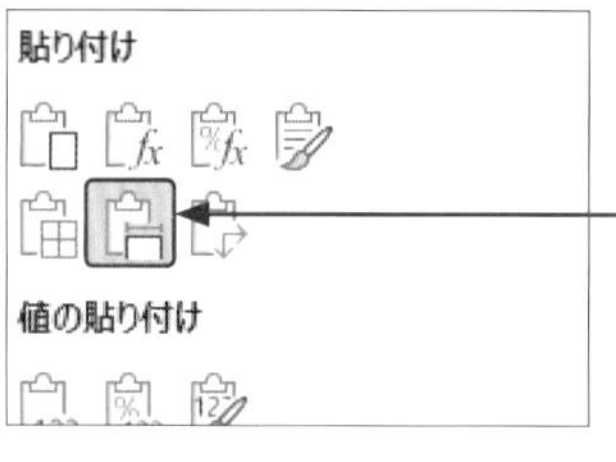

4 ＜元の列幅を保持＞をクリックします。

5 コピー元のセルと同じ幅で貼り付けられます。

困った度 ?

Q 136 複数のセルに同じデータをコピーしたい

セルの範囲を選択した状態で文字を入力し、Ctrl＋Enterキーを押すとデータをコピーできます。

1 複数のセルに同じデータをコピーする

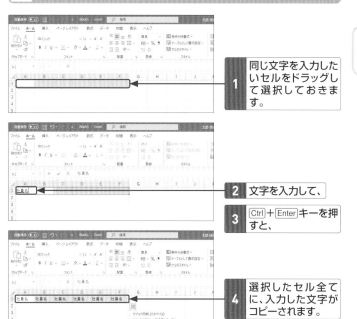

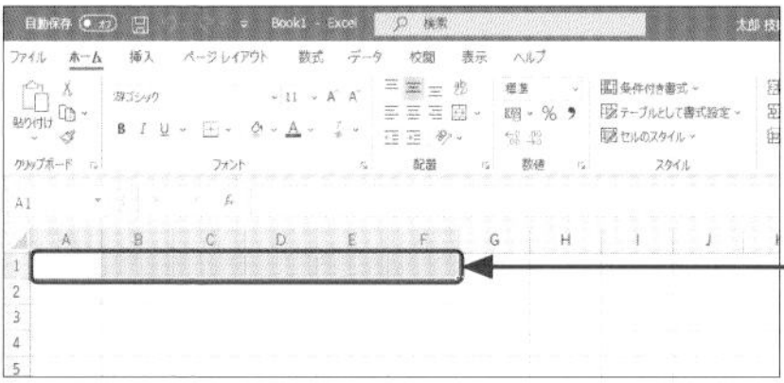

1 同じ文字を入力したいセルをドラッグして選択しておきます。

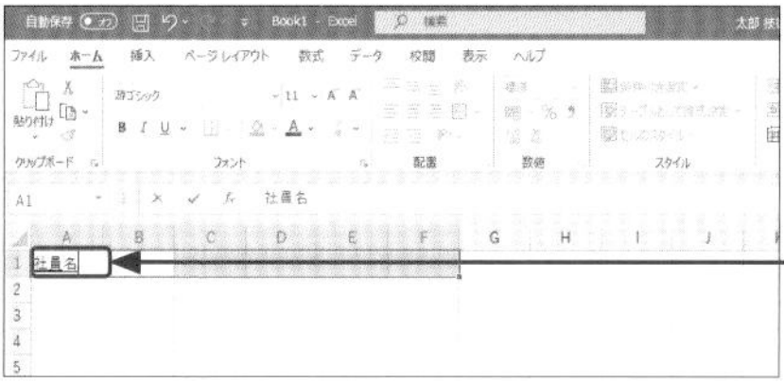

2 文字を入力して、

3 Ctrl＋Enterキーを押すと、

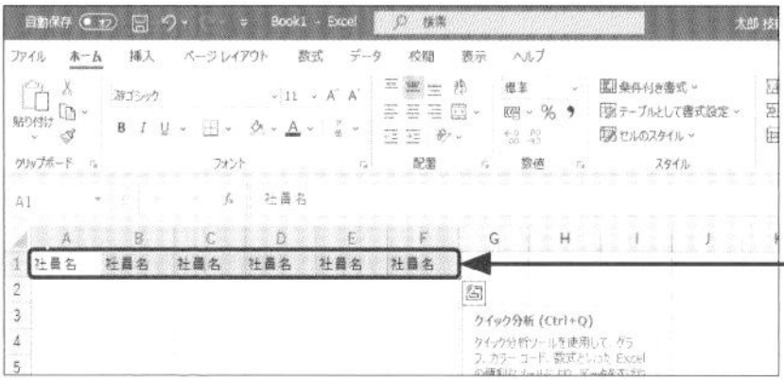

4 選択したセル全てに、入力した文字がコピーされます。

隣り合わないセルへのコピー

手順1でCtrlキーを押しながらセルをクリックして選択すると、隣り合わないセルに同じデータをコピーできます。

困った度 ?

Q137 セル内に文字が収まらない

セルに入力されている文字を折り返して、全体を表示します。

1 セル内の文字を折り返す

1 文字全体を見せたいセルを選択し、

2 <ホーム>タブの<折り返して全体を表示する>クリックすると、

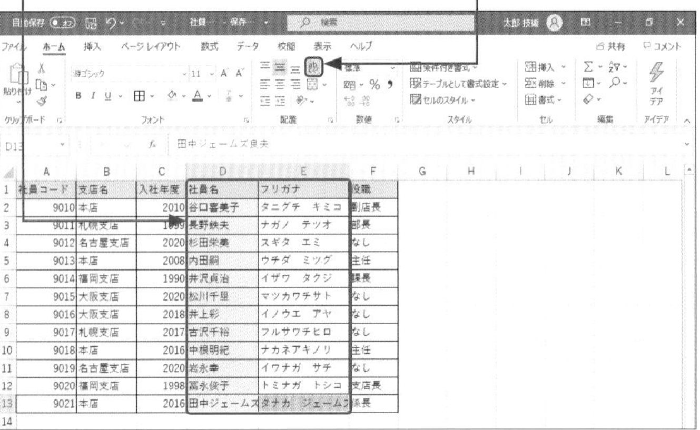

D13 田中ジェームズ良夫

	A	B	C	D	E	F
1	社員コード	支店名	入社年度	社員名	フリガナ	役職
2	9010	本店	2010	谷口喜美子	タニグチ　キミコ	副店長
3	9011	札幌支店	1999	長野鉄夫	ナガノ　テツオ	部長
4	9012	名古屋支店	2020	杉田栄美	スギタ　エミ	なし
5	9013	本店	2008	内田嗣	ウチダ　ミツグ	主任
6	9014	福岡支店	1990	井沢貞治	イザワ　タクジ	課長
7	9015	大阪支店	2020	松川千里	マツカワチサト	なし
8	9016	大阪支店	2018	井上彩	イノウエ　アヤ	なし
9	9017	札幌支店	2017	古沢千裕	フルサワチヒロ	なし
10	9018	本店	2016	中根明紀	ナカネアキノリ	主任
11	9019	名古屋支店	2020	岩永幸	イワナガ　サチ	なし
12	9020	福岡支店	1998	冨永俊子	トミナガ　トシコ	支店長
13	9021	本店	2016	田中ジェームス	タナカ　ジェームス	係長
14						

3 セルに入力されている文字全体が表示されます。

D13 田中ジェームズ良夫

	A	B	C	D	E	F
1	社員コード	支店名	入社年度	社員名	フリガナ	役職
2	9010	本店	2010	谷口喜美子	タニグチ　キミコ	副店長
3	9011	札幌支店	1999	長野鉄夫	ナガノ　テツオ	部長
4	9012	名古屋支店	2020	杉田栄美	スギタ　エミ	なし
5	9013	本店	2008	内田嗣	ウチダ　ミツグ	主任
6	9014	福岡支店	1990	井沢貞治	イザワ　タクジ	課長
7	9015	大阪支店	2020	松川千里	マツカワチサト	なし
8	9016	大阪支店	2018	井上彩	イノウエ　アヤ	なし
9	9017	札幌支店	2017	古沢千裕	フルサワチヒロ	なし
10	9018	本店	2016	中根明紀	ナカネアキノリ	主任
11	9019	名古屋支店	2020	岩永幸	イワナガ　サチ	なし
12	9020	福岡支店	1998	冨永俊子	トミナガ　トシコ	支店長
13	9021	本店	2016	田中ジェーム ズ良夫	タナカ　ジェーム ズ　ヨシオ	係長
14						
15						
16						

メモ 2行にわたるが改行とは違う

一見してセル内で改行されているようですが、データには改行は含まれていません。セル内で改行を使うには、P.187を参照しましょう。

困った度 ? ?

セル内で改行したい

Alt+Enter キーを押すと、セル内で文章を改行できます。

1 セル内で文章を改行する

1 改行を入れたいセルをクリックします。

	A	B	C	D	E	F	G
1	社員コード	支店名	入社年度	社員名	フリガナ	役職	
2	9010	本店	2010	谷口喜美子	タニグチ　キミコ	副店長	
3	9011	札幌支店	1999	長野鉄夫	ナガノ　テツオ	部長	
4	9012	名古屋支店	2020	杉田栄美	スギタ　エミ	なし	
5	9013	本店	2008	内田嗣	ウチダ　ミツグ	主任	
6	9014	福岡支店	1990	井沢貞治	イザワ　タクジ	課長	
7	9015	大阪支店	2020	松川千里	マツカワチサト	なし	
8	9016	大阪支店	2018	井上彩	イノウエ　アヤ	なし	
9	9017	札幌支店	2017	古沢千裕	フルサワチヒロ	なし	
10	9018	本店	2016	中根明紀	ナカネアキノリ	主任	
11	9019	名古屋支店	2020	岩永幸	イワナガ　サチ	なし	
12	9020	福岡支店	1998	冨永俊子	トミナガ　トシコ	支店長臨時代理	
13	9021	本店	2016	田中ジェームズ良夫	タナカ　ジェームズ　ヨシオ	係長	

2 改行したい部分にカーソルを合わせ、

	A	B	C	D	E	F	G
1	社員コード	支店名	入社年度	社員名	フリガナ	役職	
2	9010	本店	2010	谷口喜美子	タニグチ　キミコ	副店長	
3	9011	札幌支店	1999	長野鉄夫	ナガノ　テツオ	部長	
4	9012	名古屋支店	2020	杉田栄美	スギタ　エミ	なし	
5	9013	本店	2008	内田嗣	ウチダ　ミツグ	主任	
6	9014	福岡支店	1990	井沢貞治	イザワ　タクジ	課長	
7	9015	大阪支店	2020	松川千里	マツカワチサト	なし	
8	9016	大阪支店	2018	井上彩	イノウエ　アヤ	なし	
9	9017	札幌支店	2017	古沢千裕	フルサワチヒロ	なし	
10	9018	本店	2016	中根明紀	ナカネアキノリ	主任	
11	9019	名古屋支店	2020	岩永幸	イワナガ　サチ	なし	
12	9020	福岡支店	1998	冨永俊子	トミナガ　トシコ	支店長 臨時代理	
	9021	本店	2016	田中ジェーム	タナカ　ジェーム		

3 Alt+Enter キーを押すと、

4 セル内の文章が改行されます。

	A	B	C	D	E	F	G
1	社員コード	支店名	入社年度	社員名	フリガナ	役職	
2	9010	本店	2010	谷口喜美子	タニグチ　キミコ	副店長	
3	9011	札幌支店	1999	長野鉄夫	ナガノ　テツオ	部長	
4	9012	名古屋支店	2020	杉田栄美	スギタ　エミ	なし	
5	9013	本店	2008	内田嗣	ウチダ　ミツグ	主任	
6	9014	福岡支店	1990	井沢貞治	イザワ　タクジ	課長	
7	9015	大阪支店	2020	松川千里	マツカワチサト	なし	
8	9016	大阪支店	2018	井上彩	イノウエ　アヤ	なし	
9	9017	札幌支店	2017	古沢千裕	フルサワチヒロ	なし	
10	9018	本店	2016	中根明紀	ナカネアキノリ	主任	
11	9019	名古屋支店	2020	岩永幸	イワナガ　サチ	なし	
12	9020	福岡支店	1998	冨永俊子	トミナガ　トシコ	支店長 臨時代理	
				田中ジェーム	タナカ　ジェーム		

5 もう一度Enterキーを押すと、入力が確定します。

意図した位置で折り返したいときは、P.186の方法よりこちらのほうが便利です。

困った度 ？？？

Q139 データを五十音順に並べ替えたい

<並べ替えとフィルター>の機能を利用して、セルに入力した内容を並べ変えましょう。

1 セルの入力内容を並べ替える

1 並べ替えの基準にしたい列(ここではフリガナ)をクリックします。

2 <データ>タブをクリックし、

	A	B	C	D	E	F
1	社員コード	支店名	入社年度	社員名	フリガナ	役職
2	9010	本店	2010	谷口喜美子	タニグチ　キミコ	副店長
3	9011	札幌支店	1999	長野鉄夫	ナガノ　テツオ	部長
4	9012	名古屋支店	2020	杉田栄美	スギタ　エミ	なし
5	9013	本店	2008	内田嗣	ウチダ　ミツグ	主任
6	9014	福岡支店	1990	井沢貞治	イザワ　タクジ	課長
7	9015	大阪支店	2020	松川千里	マツカワチサト	なし

3 <昇順>をクリックします。

4 手順1で指定した列を基準にして、表全体が並べ替えられました。

	A	B	C	D	E	F
1	社員コード	支店名	入社年度	社員名	フリガナ	役職
2	9010	本店	2010	杉田栄美	スギタ　エミ	副店長
3	9011	札幌支店	1999	内田嗣	ウチダ　ミツグ	部長
4	9012	名古屋支店	2020	田中ジェームズ良夫	タナカ　ジェームズ　ヨシオ	なし
5	9013	本店	2008	井上彩	イノウエ　アヤ	主任
6	9014	福岡支店	1990	井沢貞治	イザワ　タクジ	課長
7	9015	大阪支店	2020	岩永幸	イワナガ　サチ	なし
8	9016	大阪支店	2018	古沢千裕	フルサワチヒロ	なし
9	9017	札幌支店	2017	松川千里	マツカワチサト	なし

データが正しく並べ替えられない

空白の行や列がある場合や、ほかのアプリで作成したファイルのデータをコピーした場合は、ふりがな情報が保存されていないため、正しい並べ替えができないことがあります。

PART 9 エクセルの操作で困った！

PART

10

印刷で

困った!

困った度 ？？？

Q140 プリンターを認識しない

A▶ プリンターのドライバーをインストールしてみましょう。

1 ドライバーをインストールする

プリンターとパソコンを接続し、「設定」画面を開きます（P.22参照）。

1 <デバイス>をクリックし、

2 <プリンターとスキャナー>をクリックして、

3 <+>をクリックし、

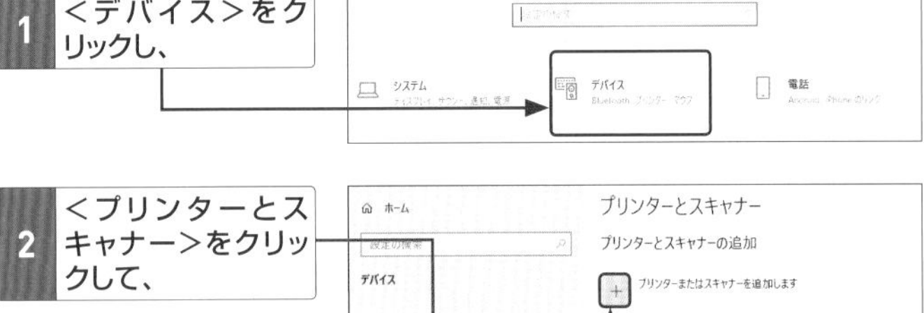

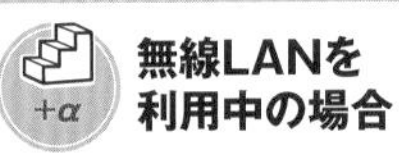

無線LANを利用中の場合

無線LANプリンターをWi-Fiでパソコンに接続している場合は、手順2の画面でプリンター名→<デバイスの追加>をクリックしましょう。

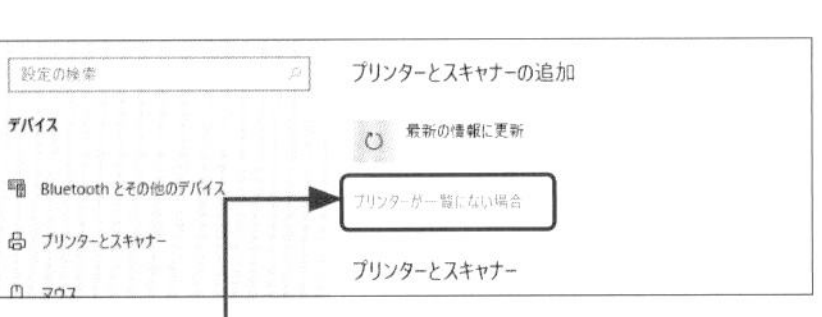

4 <プリンターが一覧にない場合>をクリックします。

5 <ローカルプリンターまたは…を追加する>をクリックし、

6 <次へ>をクリックします。

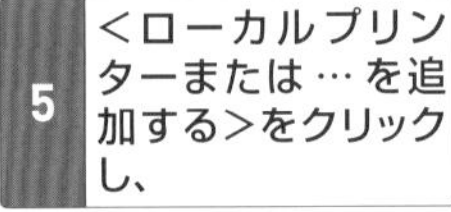

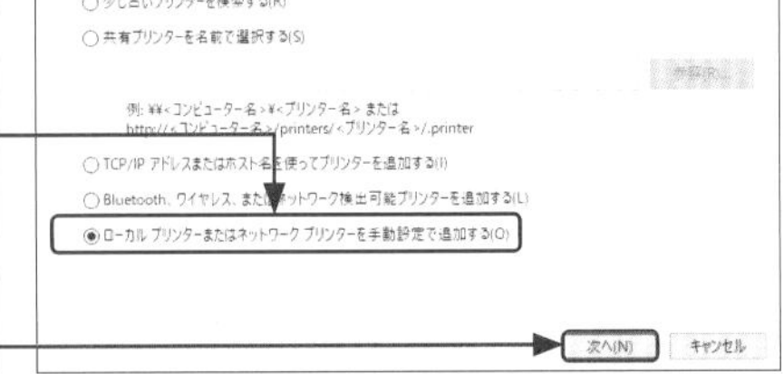

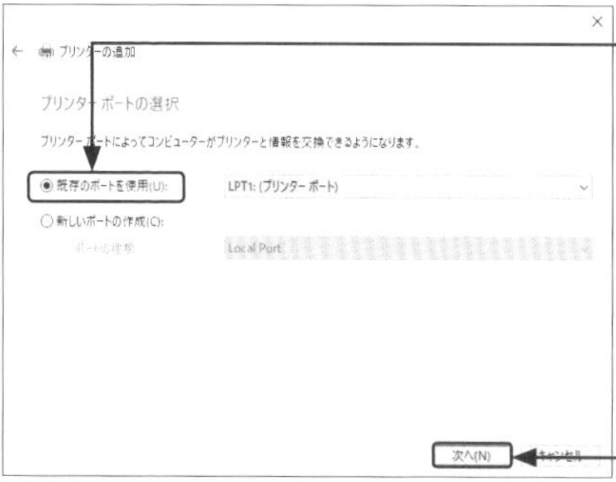

プリンターの追加

プリンター ポートの選択

プリンター ポートによってコンピューターがプリンターと情報を交換できるようになります。

◉ 既存のポートを使用(U): LPT1: (プリンター ポート)

○ 新しいポートの作成(C):

ポートの種類 Local Port

次へ(N) キャンセル

7 <既存のポートを使用>をクリックし、

8 <次へ>をクリックします。

プリンターの追加

プリンター ドライバーのインストール

一覧からプリンターを選択してください。他のモデルを表示するには、[Windows Update] をクリックしてください。

インストール CD からドライバーをインストールするには、[ディスク使用] をクリックしてください。

製造元	プリンター
Canon	Canon MG3500 series Printer
Generic	
Microsoft	

このドライバーはデジタル署名されています。 Windows Update(W) ディスク使用(H)...

ドライバーの署名が重要な理由

次へ(N) キャンセル

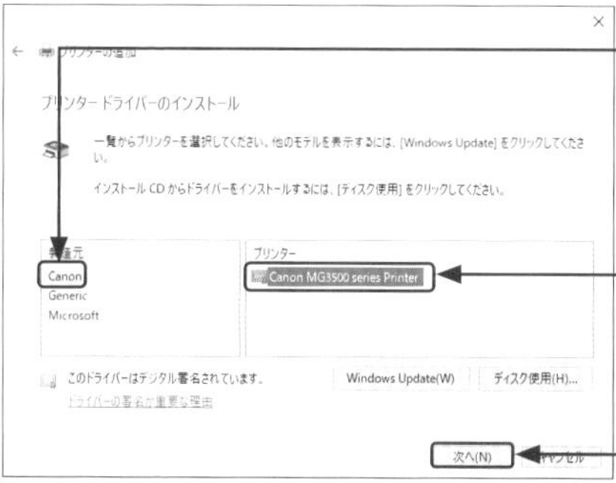

9 プリンターのメーカーを選択し、

10 プリンターの型番を選択して、

11 <次へ>をクリックします。

プリンターの追加

プリンター名を入力してください

プリンター名(P): Canon MG3500 series Printer

ドライバーを使ってインストールされます。

次へ(N) キャンセル

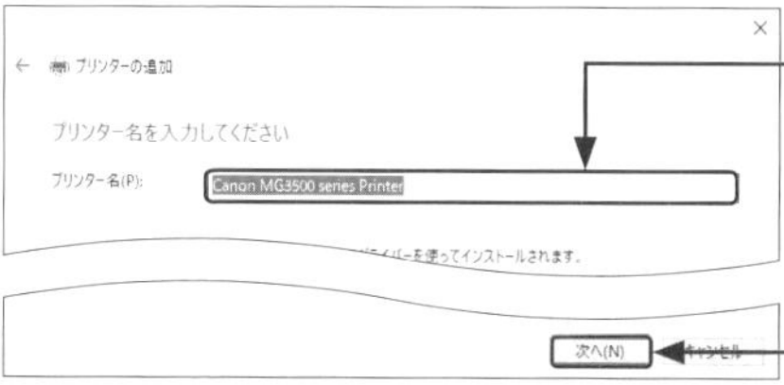

12 必要に応じてプリンターの名前を入力して、

13 <次へ>をクリックします。

プリンターの追加

プリンター共有

このプリンターを共有するには、共有名を作成する必要があります。推奨されている名前を使用するか、または新しく名前を入力してください。共有名はほかのネットワーク ユーザーによって参照されます。

◉ このプリンターを共有しない(O)

○ このプリンターを共有して、ネットワークのほかのコンピューターから検索および使用できるようにする(S)

共有名(H): Canon MG3500 series Printer

次へ(N) キャンセル

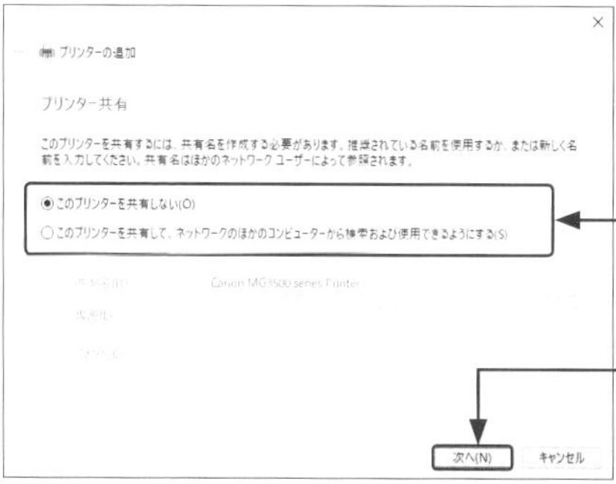

14 プリンターの共有設定を行い、

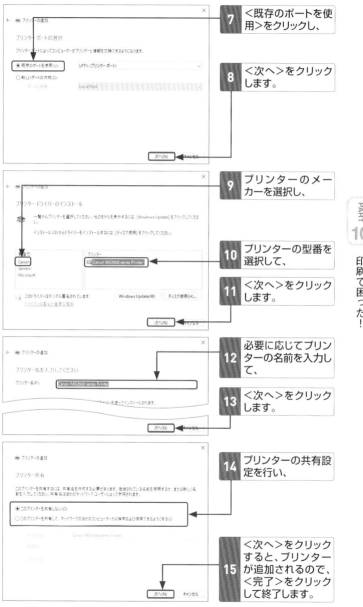

15 <次へ>をクリックすると、プリンターが追加されるので、<完了>をクリックして終了します。

困った度 ？？？

Q141 プリンターで印刷できない

A ▶ プリンターが「OneNote」になっていないか確認しましょう。

1 印刷時のプリンターを切り替える

初期状態では、印刷画面の「プリンター」に、「Send To OneNote」などと設定されています。

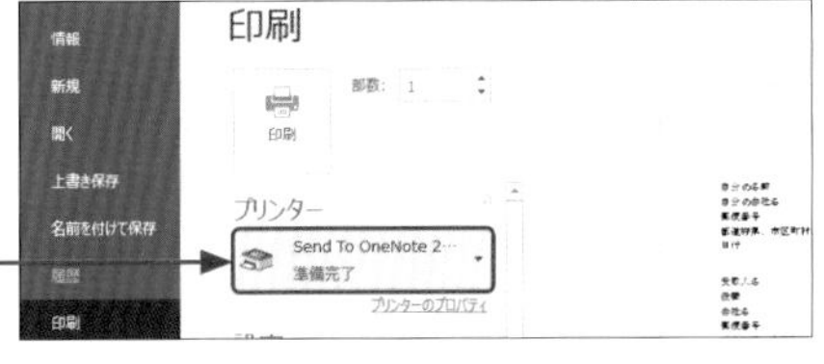

1 設定されているプリンターをクリックし、

2 印刷したいプリンターを選択すると、

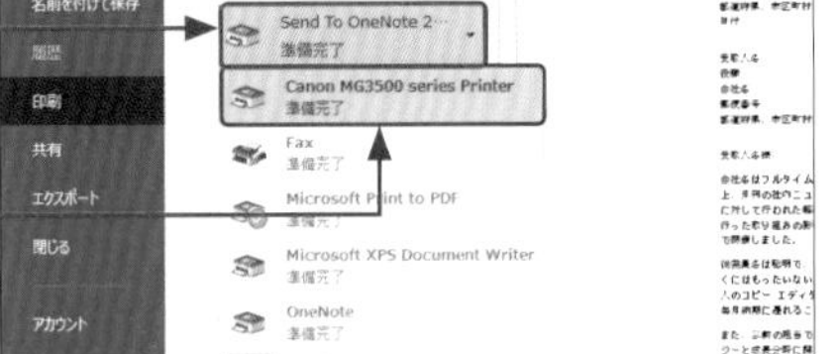

3 印刷するプリンターが切り替わりました。

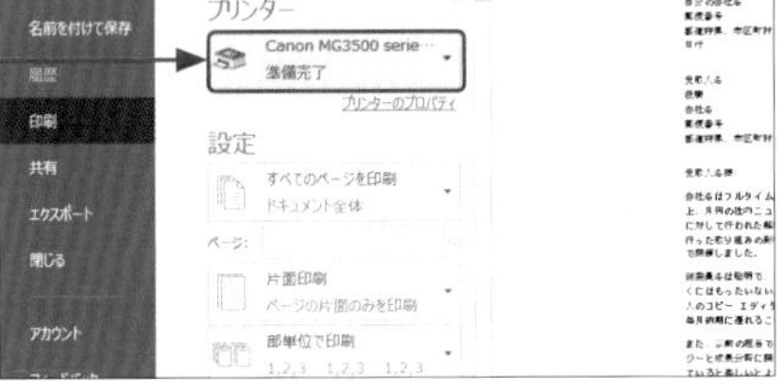

Send to OneNoteとは

プリンターに「Send To OneNote」が設定されていると、印刷したいデータが「OneNote」というアプリに送信されてしまいます。

困った度 ？？？

毎回プリンターを指定するのが面倒

A▶ 「コントロールパネル」の<通常使うプリンター>に、よく使うプリンターを設定しておきましょう。

1 通常使うプリンターを設定する

「コントロールパネル」を表示します（P.23参照）。

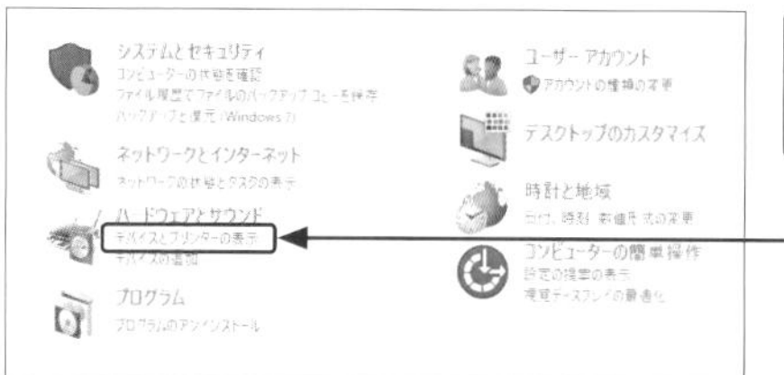

1 <デバイスとプリンターの表示>をクリックし、

2 通常使うプリンターとして設定したいプリンターを右クリックし、

3 <通常使うプリンターに設定>をクリックします。

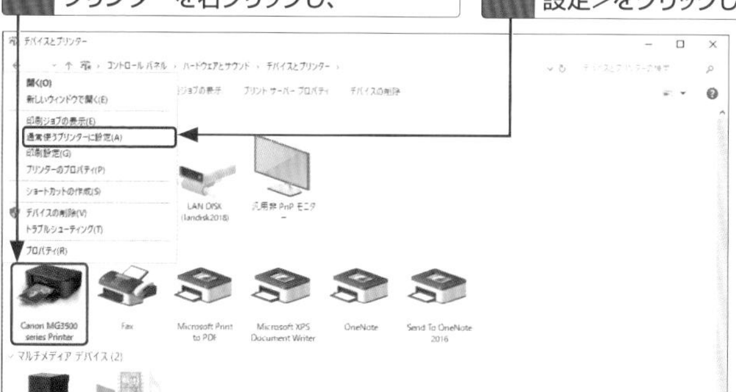

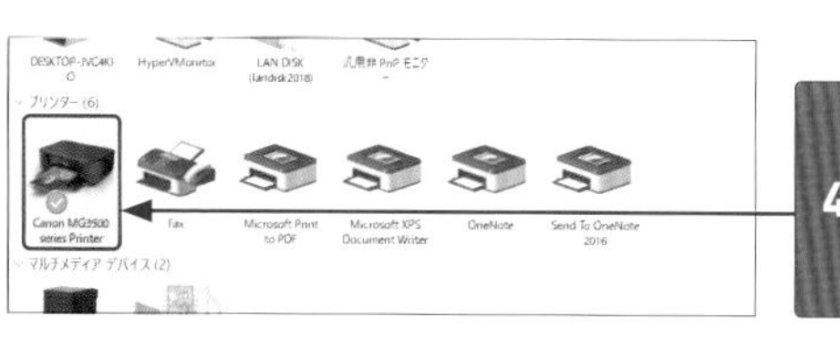

4 通常使うプリンターとして設定されると、プリンターのアイコンにチェックマークが付きます。

困った度 ？？？

選択した部分だけを印刷したい

A▶ 印刷したい箇所をドラッグして選択し、印刷範囲に<選択した部分を印刷>を指定します。

1 印刷範囲を<選択した部分を印刷>にする

ここではエクセルの文書を開いています。

1 印刷したい範囲をドラッグして選択します。

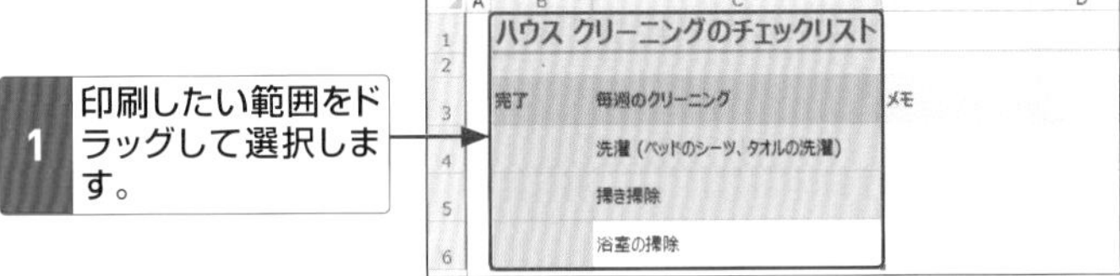

印刷画面を表示します。

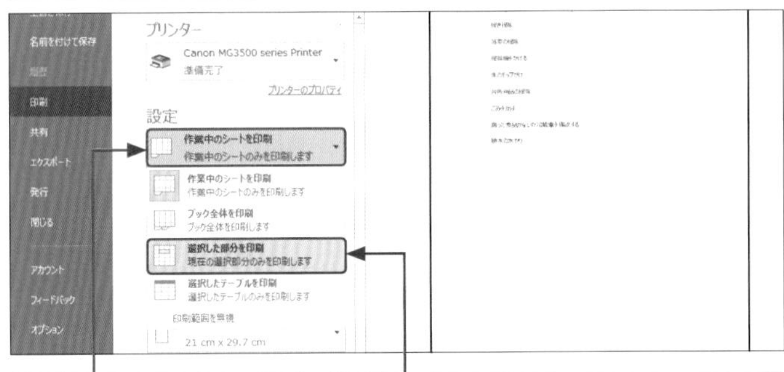

2 印刷範囲をクリックし、

3 <選択した部分を印刷>を選択すると、

4 印刷範囲が変更されます。

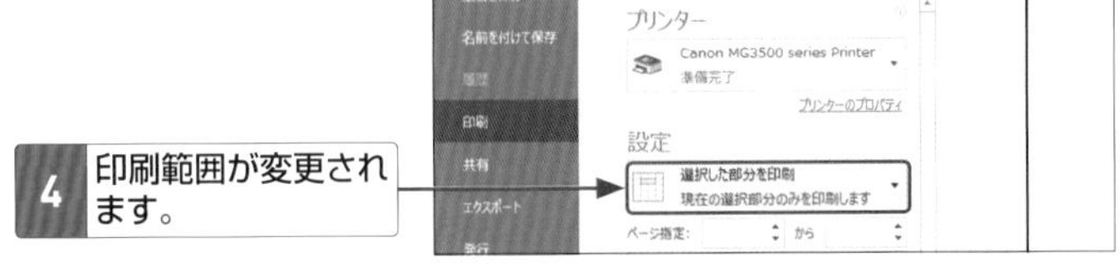

困った度 ？？

用紙の種類を変更したい

A ▸ 印刷画面で<プリンターのプロパティ>を開いたあと、用紙の種類を変更しましょう。

1 プリンターのプロパティで用紙の種類を設定する

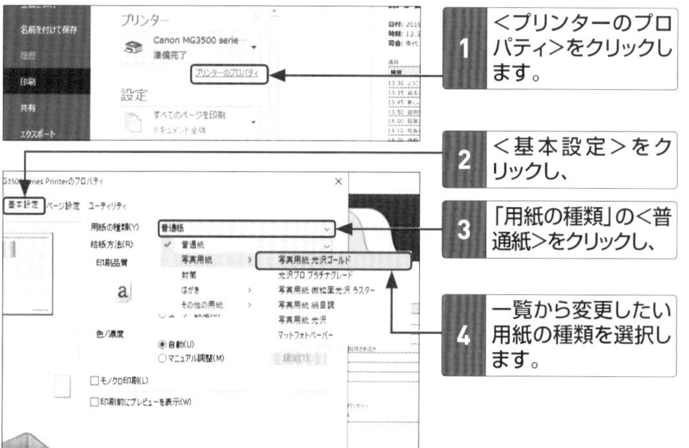

1 <プリンターのプロパティ>をクリックします。

2 <基本設定>をクリックし、

3 「用紙の種類」の<普通紙>をクリックし、

4 一覧から変更したい用紙の種類を選択します。

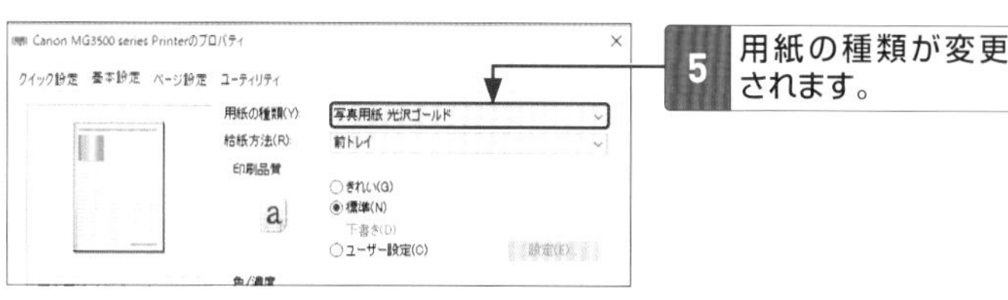

5 用紙の種類が変更されます。

機種によって画面が異なる?

プリンターのプロパティ画面は、プリンターのメーカーや機種によって画面が異なりますが、設定方法はほぼ同じです。

困った度 ？？

Q145 ページを指定して印刷したい

A ▸ 特定のページだけを印刷したい場合は、ページ範囲で特定のページ番号を指定しましょう。

1 印刷するページを指定する

印刷画面を表示します。ここではEdgeでWebページを印刷する場合の方法を解説します。

1 「ページ」の<全ページ>をクリックします。

ページの指定方法

特定のページの場合は「,」で区切り、連続するページの場合は「2-3」のように指定します。

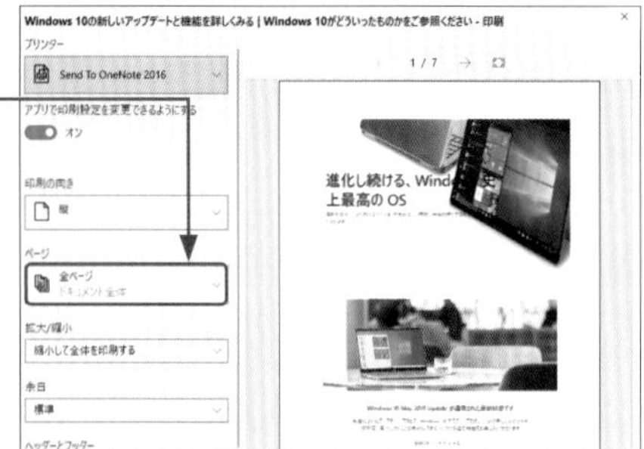

2 表示されたメニューから<ユーザー設定の範囲>をクリックして、

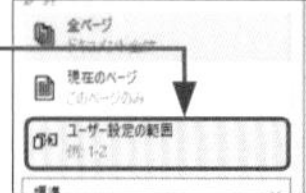

3 「ページ範囲」に印刷したいページ番号を入力し、

4 <印刷>をクリックします。

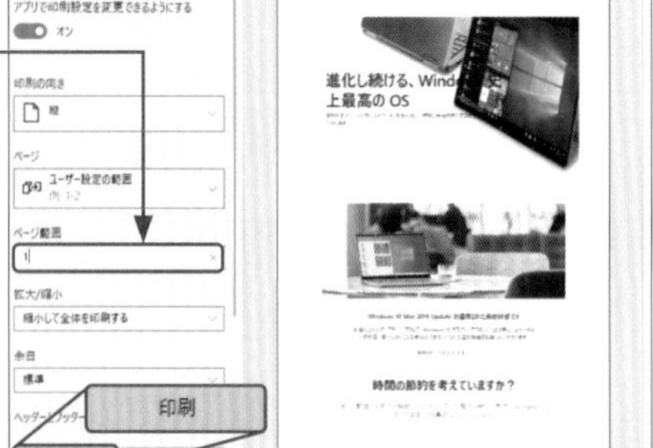

PART 10 印刷で困った！

困った度 ? ?

拡大・縮小して印刷したい

印刷画面で倍率を指定すると、データを拡大・縮小して印刷することができます。

1 印刷倍率を指定する

印刷画面を表示します。

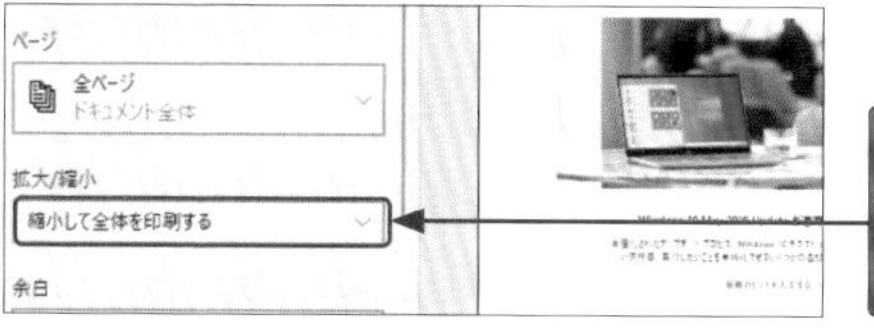

1 「拡大/縮小」の<縮小して全体を印刷する>をクリックします。

ページ
25%
50%
75%
縮小して全体を印刷する
100%
150%
200%
時間の節約を考えて

2 変更したい倍率を選択します。

3 印刷倍率が変更され、画面右側のプレビューの大きさも変わります。

拡大印刷の注意点

拡大印刷をすると、印刷枚数も多くなります。

4 <印刷>をクリックします。

困った度 ？？？

印刷を中止したい

タスクバーのアイコンから、印刷ドキュメントを取り消しましょう。

1 タスクバーから印刷を中止する

印刷中はタスクバーにプリンターのアイコンが表示されます。

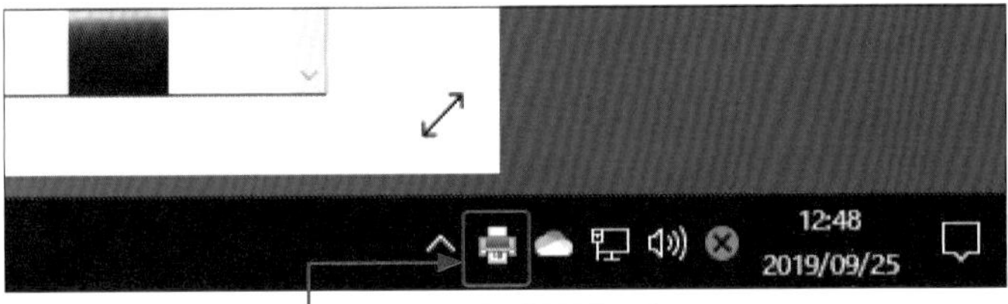

1 プリンターのアイコンをダブルクリックして、

2 取り消したい印刷のドキュメントを右クリックし、

3 <キャンセル>をクリックします。

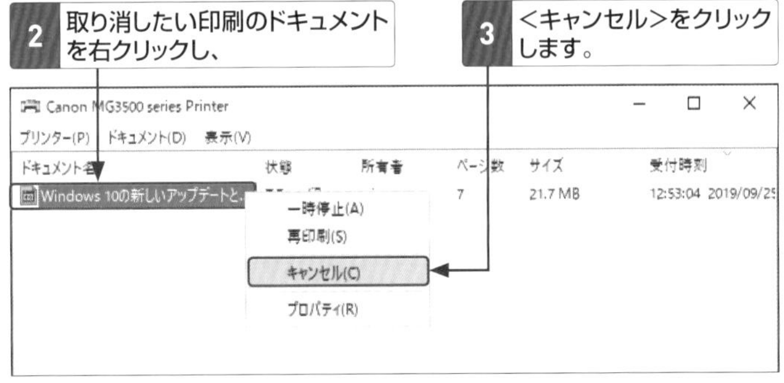

4 <はい>をクリックすると、印刷が中止されます。

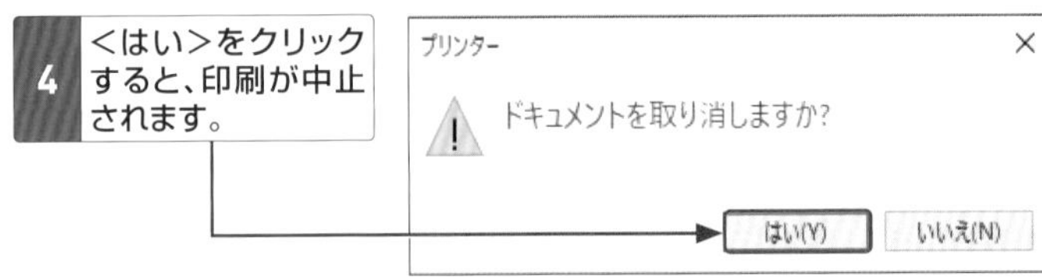

困った度 ？？

複数の写真を1枚の用紙に印刷したい

A▶ 印刷したい写真を選択したあと、エクスプローラー上から印刷を行いましょう。

1 エクスプローラーから写真を印刷する

エクスプローラーから、印刷したい写真のある場所を開きます。

1 印刷したい複数の写真を選択します。

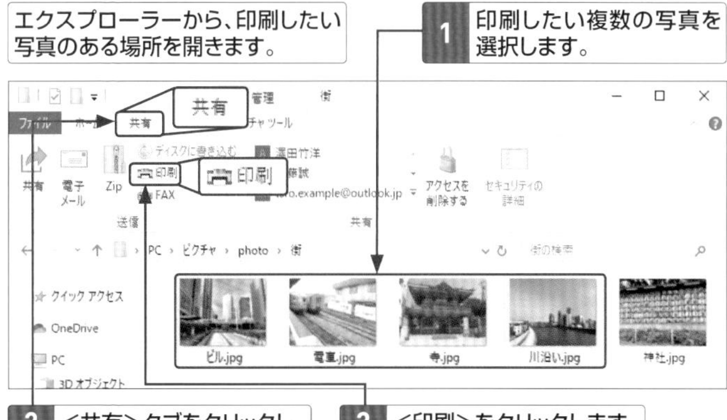

2 <共有>タブをクリックし、

3 <印刷>をクリックします。

4 右側のウィンドウから、印刷したいレイアウトを選択し、

5 プリンターや用紙サイズなどを設定して、

6 <印刷>をクリックします。

参考 印刷できる写真の枚数

1枚にまとめて印刷できる写真の枚数は、1/2/4/9/35枚です。

Q149 両面印刷をしたい

A ▶ <プリンターのプロパティ>で、両面印刷を指定したあと印刷を行います。

1 両面印刷を指定する

印刷画面を表示します。右はワードの場合です。

1 <プリンターのプロパティ>をクリックします。

2 <ページ設定>をクリックして、

3 <両面印刷>をクリックしてチェックを付け、

4 <OK>をクリックして印刷します。

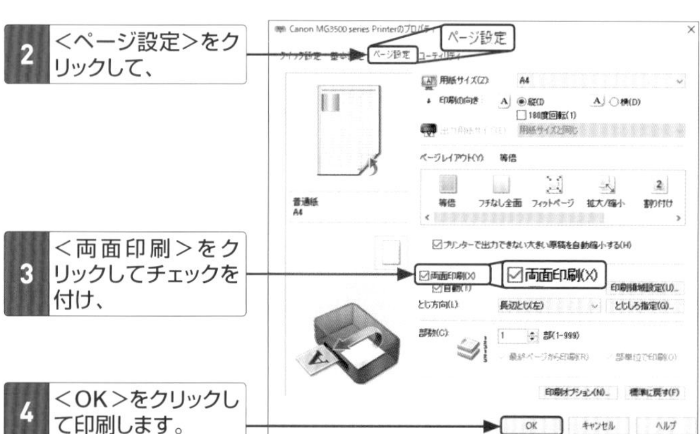

両面印刷に対応していないプリンターの場合は？

両面印刷に対応していないプリンターの場合は、表面に奇数ページを印刷し、手動で用紙を裏返して偶数ページを印刷すると両面に印刷できます。ただし、用紙の向きには注意しましょう。

困った度 ？？？

Q 150 四隅が切れて印刷される

A ▶ 印刷時に余白などの設定を変更してみるとよいでしょう。

1 印刷時に余白を変更する

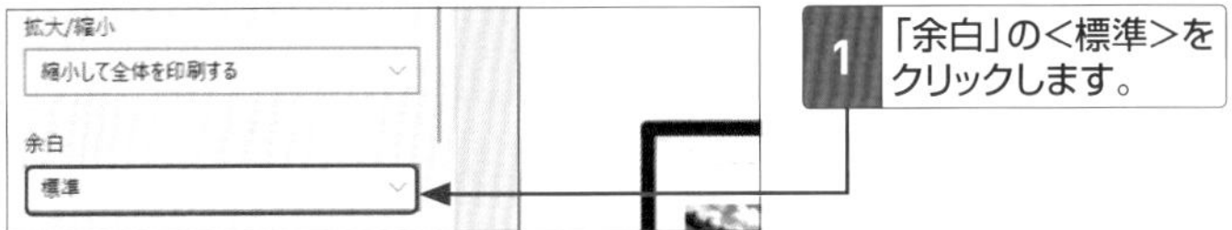

1 「余白」の＜標準＞をクリックします。

2 変更したい余白を選択します。

3 ＜印刷＞をクリックします。

フチなし印刷を設定する

ワードやエクセルを余白なしで印刷したい場合は、プリンターのプロパティ画面から＜フチなし全面印刷＞を設定すると、用紙全面に印刷されます。

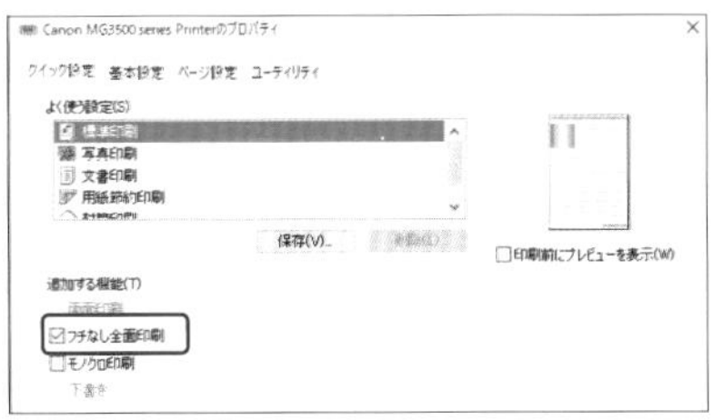

困った度 ？？

Q 151 文字が切れて印刷される

エクセルでありがちなこの事例は、フォントの種類や大きさを変更することで調整できます。

1 フォントの種類を確認する

エクセルでは、文字がセル内に収まっていても、印刷プレビューで確認すると、文字が切れてしまうことがあります。

「墨田物流サービス株式会社」と入力しているのに文字が切れて表示されてしまいます。

墨田物流サービス株式会社

同じ文字列、文字の大きさでも、MPSゴシックは文字によって幅が異なり、MSゴシックはすべての文字の幅が均一です。文字が切れてしまう場合は、「P」が付く種類のフォントに変更してみましょう。

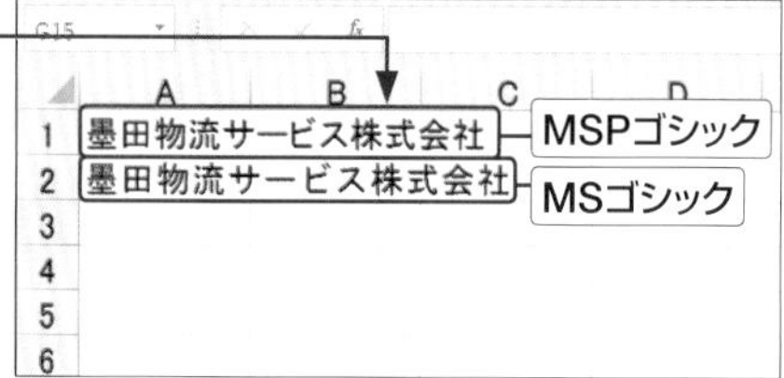

メモ そのほかの対策

本項で解説した方法以外にも、エクセルの<ホーム>タブの<配置>グループにある をクリックして、<セルの書式設定>ダイアログボックスで<縮小して全体を表示する>を選択すると、セルの幅に合わせて文字が自動的に縮小されます。

PART 11

USBメモリー・CD/DVDで困った!

困った度 

Q152 各メディアの使い分けを知りたい

A それぞれ特長があるので、保存するデータの種類などによって使い分けましょう。

1 各メディアの特長を覚える

● USBメモリー

パソコンのUSBポート（端子）に挿すと、データを出し入れできます。ほかの人にワードやエクセルのファイルを渡すときなどに役立ちます。

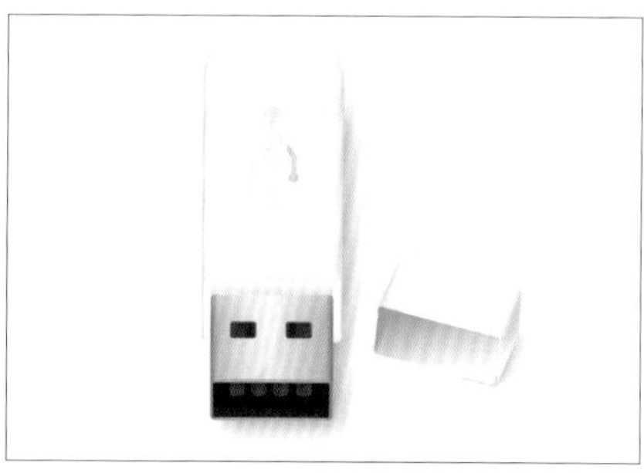

● SDカード

デジタルカメラのデータを取り込むときなどに使います。スマートフォンでも使える極小の「micro SDカード」もあります。

光学ディスク

光学ディスクとは、パソコンのデータを保存したり再生したりできる、円型のメディアです。CD、DVD、Blu-rayディスク（BD）などの規格があり、それらの中でもさまざまな種類があります。

● CD

● DVD

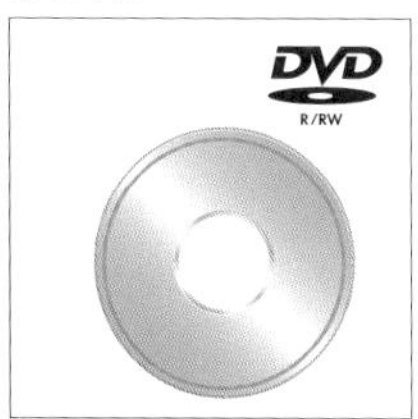

● Blu-ray

● CD／DVD／Blu-rayの主な用途

	メディア	主な用途
CD	CD-R	写真や音楽などを保存できます。保存したデータは消せません。
	CD-RW	写真や音楽などを保存できます。データの消去や上書きも可能です。
DVD	DVD-R	CD-Rよりも容量が多く、動画などの保存に向いています。1回のみ記録が可能で、データの消去はできません。
	DVD-RW	データの消去や上書きが可能なDVDです。パソコンのデータのバックアップなどにも使えます。
	DVD-RAM	データの上書きや消去も可能ですが、再生するには専用のプレーヤーが必要になります。
Blu-ray	BD-R	録画した映画の保存に適しています。空き容量が残っていれば、書き足し（追記）ができます。
	BD-RE	書き換えやデータの消去ができるので、大量データの一時保管先として使用できます。

1 USBメモリーなどのメディアをパソコンに接続（マウント）すると、

2 エクスプローラー左側の「PC」や「デバイスとドライブ」にメディア名が（ここではEドライブとして認識され）表示されます。

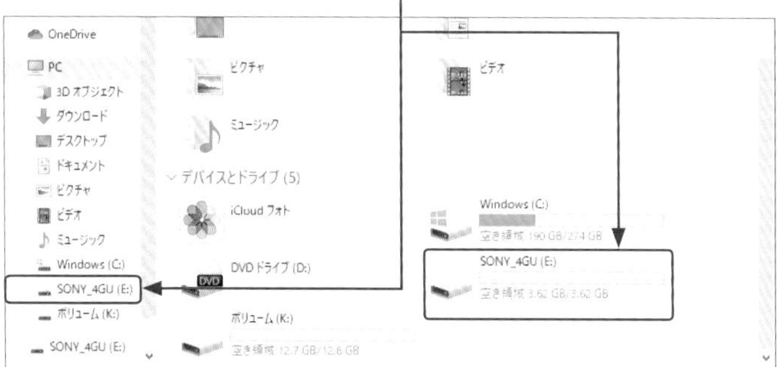

Q 153 USBメモリーや SDカードを認識しない

A▶ パソコンを再起動したり、USB メモリーなどの接続部を見直してみましょう。

1 認識しない場合の対処法

USB メモリーや SD カードを接続してもエクスプローラー上に項目が表示されない場合は、下記の方法を試してみましょう。

● パソコンを再起動する

画面左下の＜スタート＞ボタンをクリックし、＜電源＞をクリックしたあとで＜再起動＞をクリックします。そのあとUSB メモリーなどをパソコンに挿します。

● USBの接続を見直す

USB メモリーが正しい向きで挿してあるか、端子がしっかり接続できているかなどを確認します。ガーゼなどで端子の汚れを拭いてみるのもよいでしょう。

困った度 ? ?

USBメモリーにファイルを保存する手順を知りたい

A▶ エクスプローラーを起動して、ファイルをUSBメモリーの項目にドラッグします。

1 ファイルをUSBメモリーに保存する

エクスプローラーを起動します。

1 <PC>をクリックし、

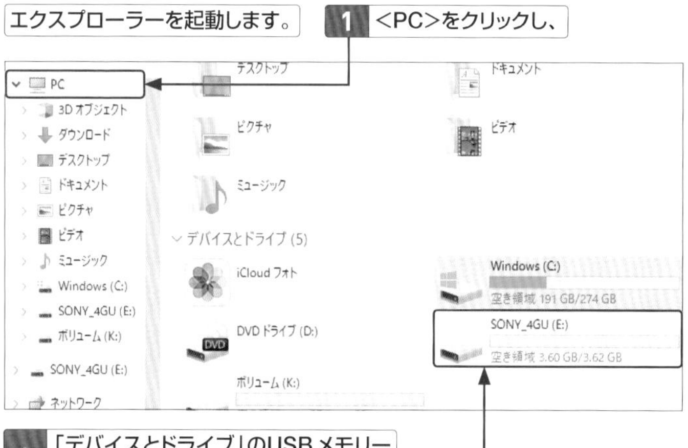

2 「デバイスとドライブ」のUSBメモリー(Eドライブ)をダブルクリックします。

3 デスクトップやほかのフォルダーからファイルを選択して、USBメモリー内のウィンドウにドラッグします。

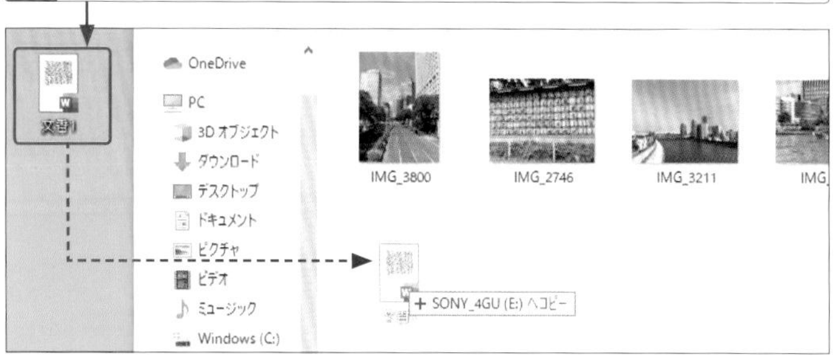

困った度 ? ?

Q155 USBメモリーをパソコンから取り外したい

「ハードウェアの取り外し」を行ったあと、パソコンからUSBメモリーを引き抜きましょう。

1 ハードウェアの取り外しを行う

1 ^をクリックし、

2 ＜ハードウェアを安全に取り外してメディアを取り出す＞をクリックします。

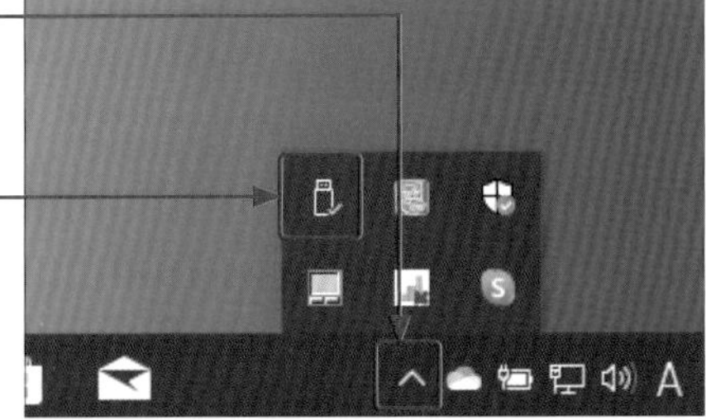

3 ＜Storage Mediaの取り出し＞をクリックすると、

4 「ハードウェアの取り外し」と表示され、USBメモリーを安全に取り外しできます。

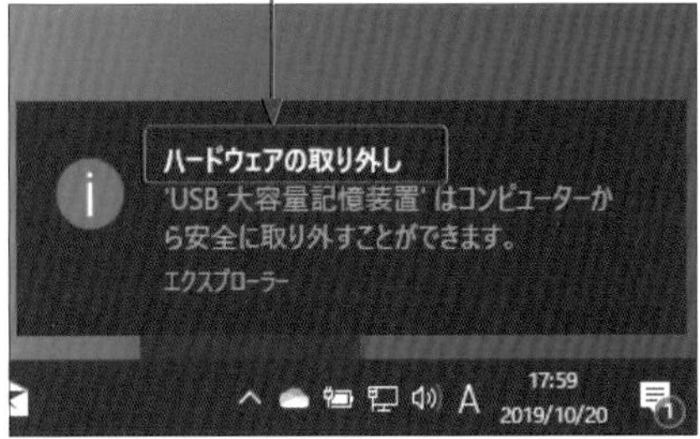

最新版では取り外し操作は不要

ウィンドウズ10が最新の状態であれば（P.41参照）、本操作を行わずにUSBメモリーを取り外しても問題ありません。

困った度 ? ?

Q 156 CDやDVDを入れたのにパソコンが反応しない

「設定」画面の「自動再生」の項目や、トラブルシューティングなどで確認してみましょう。

1 自動再生の設定を確認する

P.22を参照して、「設定」画面を表示します。

1 <デバイス>をクリックし、

2 <自動再生>をクリックして、

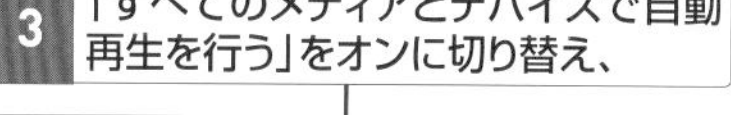

3 「すべてのメディアとデバイスで自動再生を行う」をオンに切り替え、

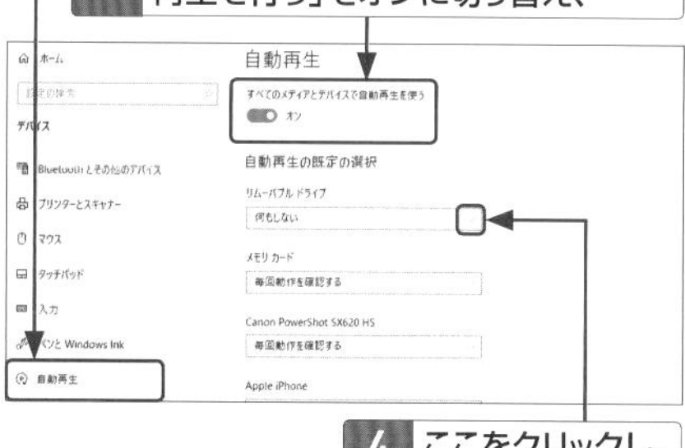

4 ここをクリックし、

参考 ソフトを起動させない

手順5で<何もしない>を選択すると、CDやDVDを挿入しても自動的にソフトが起動しないようになります。

リムーバブル ドライブ
何もしない
フォルダーを開いてファイルを表示 (エクスプローラー)
毎回動作を確認する
ストレージ設定の構成 (設定)
Canon PowerShot SX620 HS

5 <毎回動作を確認する>をクリックします。

困った度 ？？

Q157 データをCDやDVDに保存したい

A ▶ 書き込み形式を選択したあと、エクスプローラー上からファイルをドラッグします。

1 ディスクにデータを書き込む

ここではUSBメモリーのようにファイルの追加・削除ができる「ライブファイルシステム」で、データを書き込む方法を紹介します。

空のCD／DVDをドライブに挿入します。

タスクバーからエクスプローラーを起動し、

1 ドライブ名をクリックします。

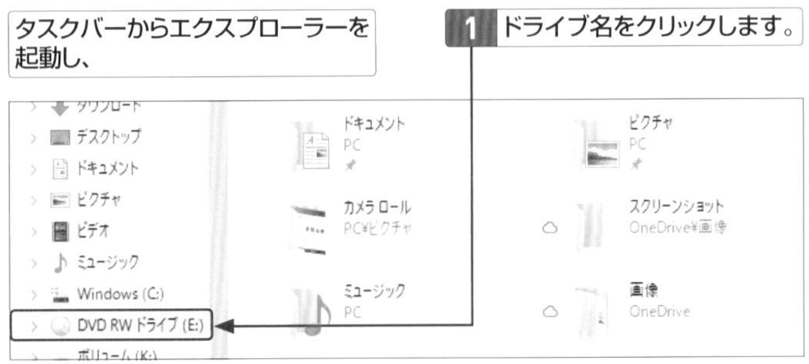

2 <USBフラッシュ…する>をクリックし、

3 <次へ>をクリックします。

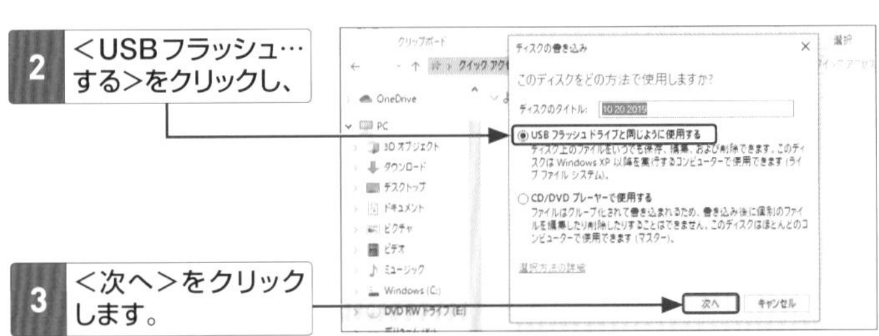

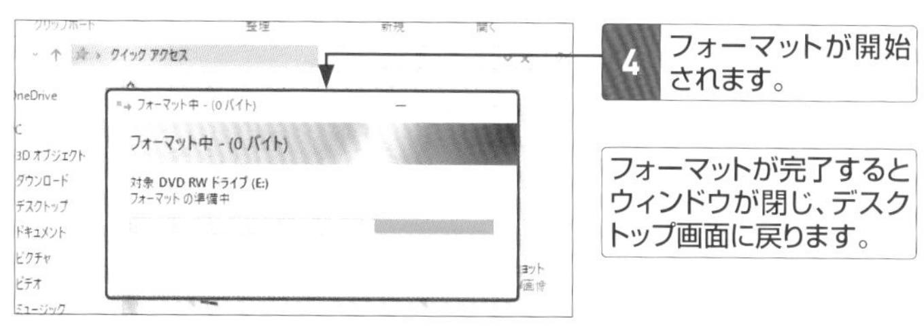

4 フォーマットが開始されます。

フォーマットが完了するとウィンドウが閉じ、デスクトップ画面に戻ります。

5 書き込みたいファイルやフォルダーをエクスプローラーで表示して、DVDRWドライブにドラッグします。

6 DVDRWドライブをクリックすると、

7 ファイルが書き込まれていることが確認できます。

2つの書き込み形式

手順3の画面で、データを気軽に追加・編集・削除をするなら「USBフラッシュドライブ…使用する」の「ライブファイルシステム」、CD／DVDプレイヤーで再生するなら「CD/DVD…使用する」の「マスター」を選びましょう。

Q158 CDやDVDが取り出せない

通常の方法で取り出せないときは、パソコンの再起動やディスクの強制排出を試してみましょう。

1 ディスクを取り出す

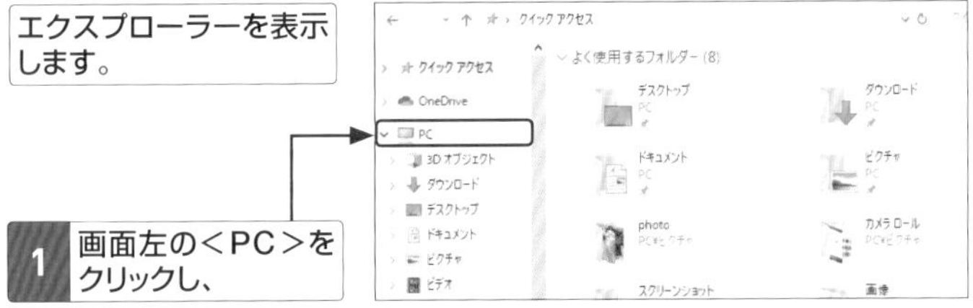

エクスプローラーを表示します。

1 画面左の＜PC＞をクリックし、

2 ドライブを右クリックし、

3 ＜取り出し＞をクリックします。

外付けDVDドライブを利用している場合

外付けのDVDドライブを利用していて、ボタンを押してもディスクが正常に取り出せないときは、ケーブルがきちんとパソコンに繋がっているか確認しましょう。また、ドライブの排出面に穴がある場合、この穴に針金などの先を差し、押し込むことで、中のディスクが強制的に排出されます。

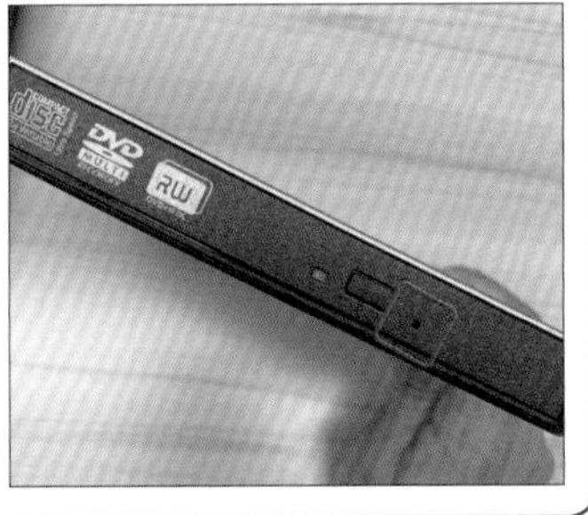

付録

エラー・警告で困った！

⚠ 再起動が必要です

対策 ファイルなどを保存後、再起動を実行します。

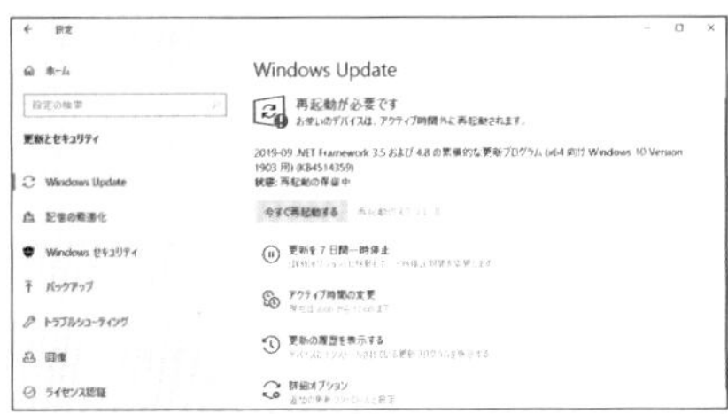

アプリのアップデートやシステムの設定が正常に反映されるためには、再起動が必要となります。再起動は今すぐ行うこともできますが、あとから再起動のスケジュールを設定することもできます。

● 今すぐ再起動する

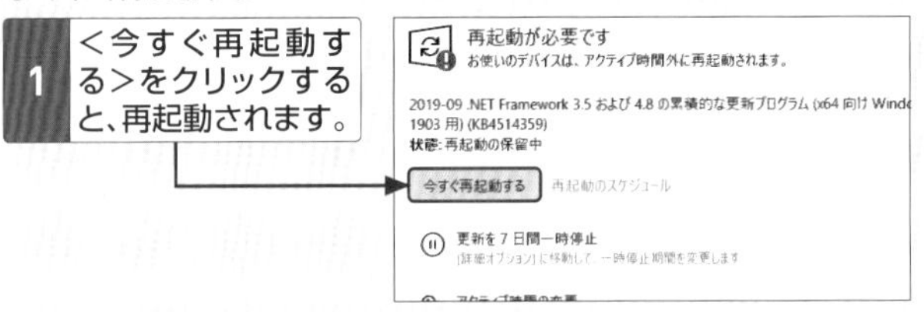

● 更新スケジュールを指定する

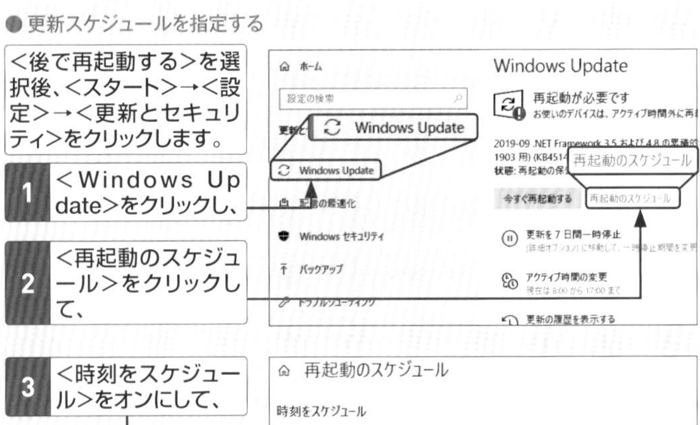

3 <時刻をスケジュール>をオンにして、

4 日時を設定します。

再起動のスケジュール

時刻をスケジュール

都合のよい時間に更新プログラムのインストールを完了できます。スケジュールした時刻に PC が利用できなかった場合
的に決定されます。

オン

時刻を選ぶ

22 00

日を選ぶ

明日

USBドライブに十分な領域がありません

対策 USBドライブ内の不要なデータを削除して、データを再保存しましょう。

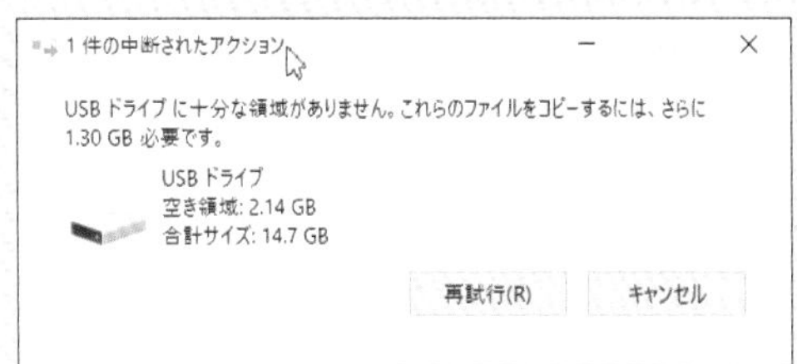

パソコンのデータを USB に保存する際、USB の容量がいっぱいだと、上記のようなメッセージが表示されます。この場合は<キャンセル>をクリックしたあと、USB 内のデータをいったん消去してから、保存するようにしましょう。

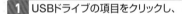

● 不要なデータを消去する

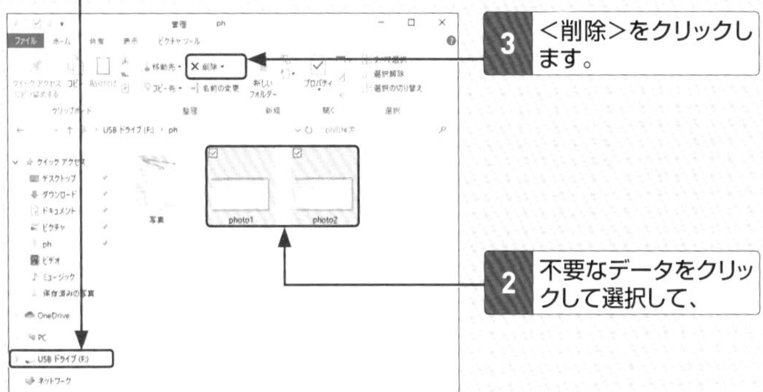

● データを保存する

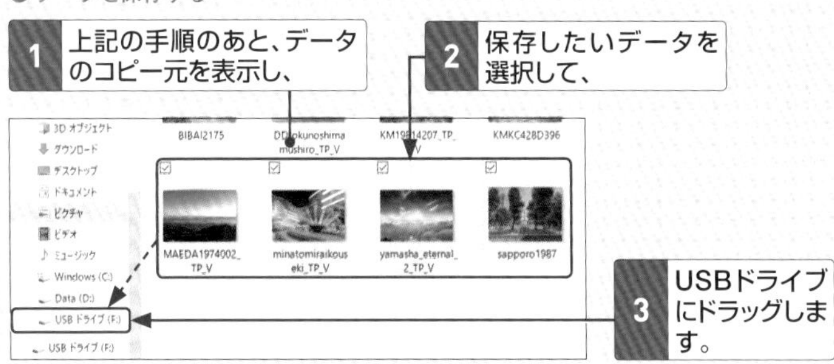

ファイル名には次の文字は使えません

対策 ファイル名に適さない記号の使用は避けます。

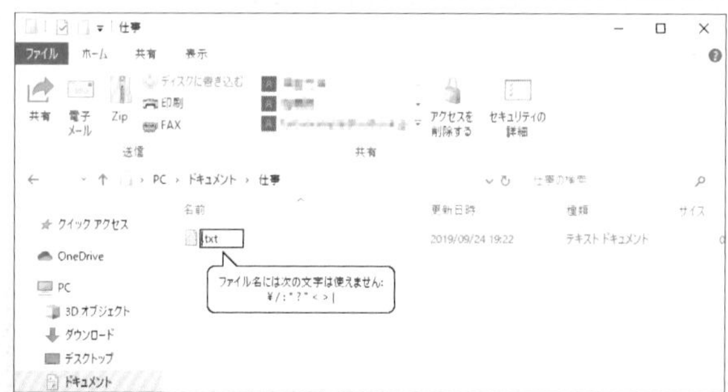

ファイルの名前には、「¥」「/」「¦」「:」「*」「?」「"」「<」「>」といった使用できない記号があります。これらの記号の使用に注意して、ファイルの名前を付けましょう。

● ファイル名に使用できない記号に注意する

1 ファイル名に使用できない記号を使うと、エラーが表示されます。

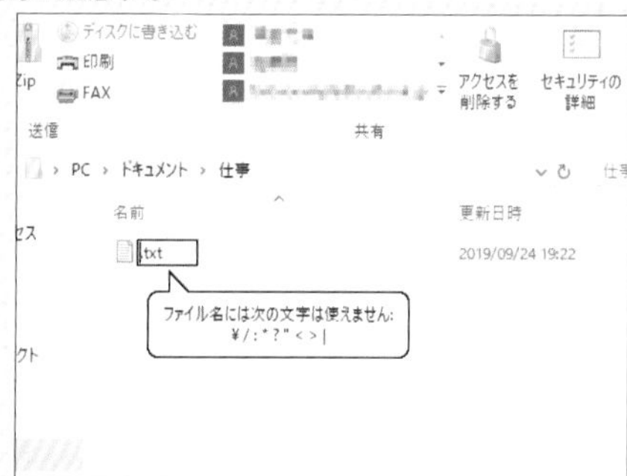

2 どうしても使用不可能な記号を使いたい場合は、ひらがなやカタカナなどで代用しましょう。

拡張子を変更するとファイルが使えなくなる可能性があります

対策 変更後、不具合が起きた場合は拡張子を元に戻します。

ファイル名の変更時などに、拡張子（「.」＋「3 文字程度のアルファベット」）を削除したり変更すると表示されます。拡張子の表示をオフにしておくと間違いを防ぐことができます（P.70 参照）。

● 拡張子を変更しない場合

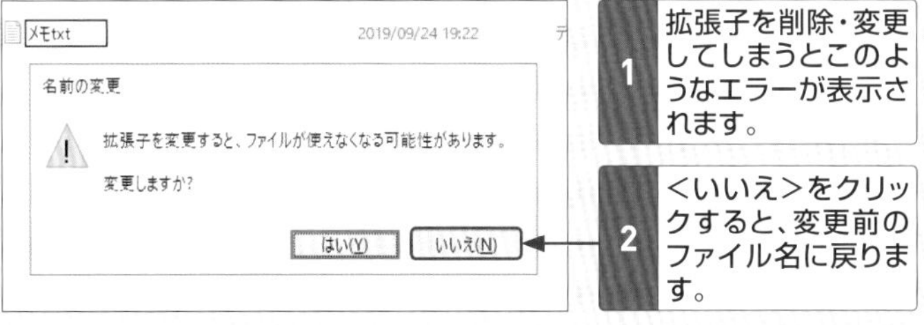

1 拡張子を削除・変更してしまうとこのようなエラーが表示されます。

2 <いいえ>をクリックすると、変更前のファイル名に戻ります。

● 拡張子を変更する場合

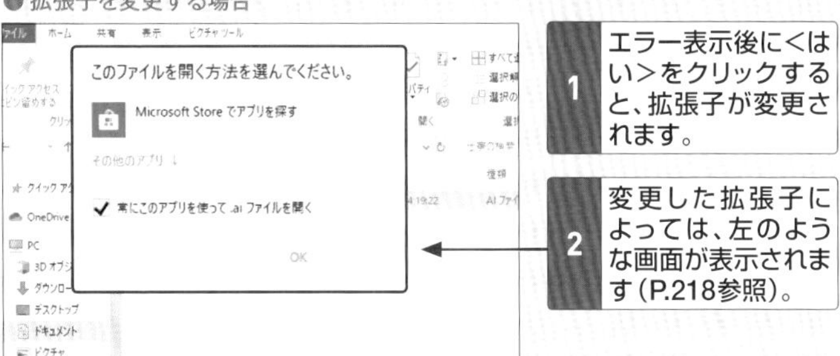

1 エラー表示後に<はい>をクリックすると、拡張子が変更されます。

2 変更した拡張子によっては、左のような画面が表示されます（P.218参照）。

● 拡張子の一例

.gif	画像ファイル
.exe	アプリの実行ファイル
.jpg	画像ファイル
.docx	ワードの文書ファイル

.eps	画像ファイル
.txt	テキストファイル
.mp3	MP3の音声ファイル
.zip	Zip形式の圧縮ファイル

 このファイルを開く方法を選んでください

対策 ファイルを開きたいアプリをクリックして選択します。

ファイルの関連付けが行われていない場合に表示されます。開きたいアプリを選択し、<OK>をクリックするとファイルを開くことができます。

● 開きたいアプリを選択する

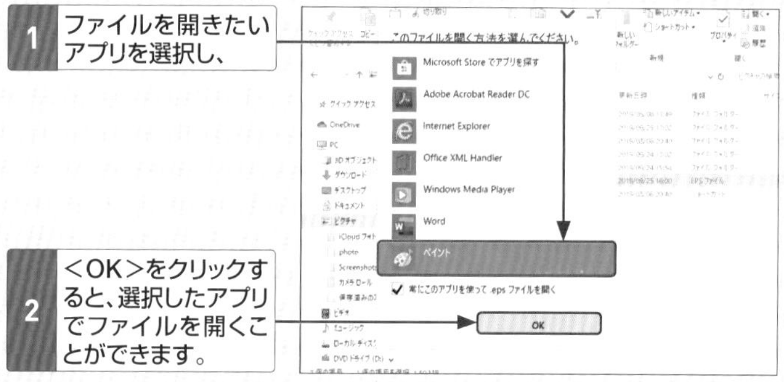

● ファイルの関連付けを行う

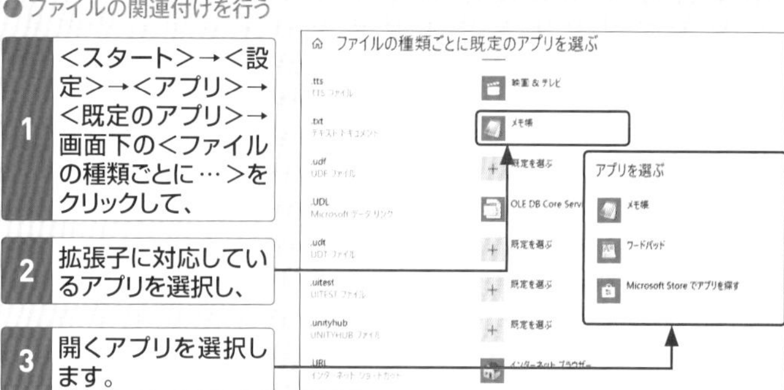

ファイルは開かれているため、操作を完了できません

対策 プレビューウィンドウを非表示にします。

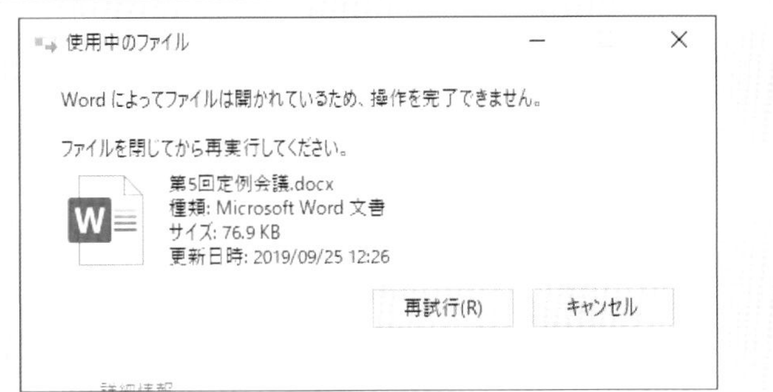

該当のファイルを閉じても上記のメッセージが表示されてしまう場合は、プレビューウィンドウを非表示にしたり、タスクマネージャーからファイルを開いているアプリを終了してみましょう。

●プレビューウィンドウを非表示にする

1 エクスプローラーの<表示>タブをクリックし、
2 <プレビューウィンドウ>をクリックしてオフにすると、解決することがあります。

●タスクマネージャーでアプリを終了する

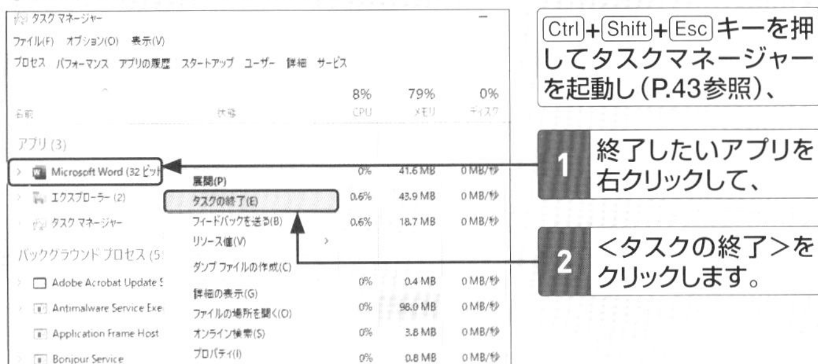

Ctrl+Shift+Escキーを押してタスクマネージャーを起動し（P.43参照）、
1 終了したいアプリを右クリックして、
2 <タスクの終了>をクリックします。

付録

エラー・警告で困った！

⚠ 削除するには管理者の権限が必要です

対策 管理者権限のあるユーザーのパスワードを入力します。

管理者権限のあるユーザーでログイン後、<続行>をクリックし、管理者のパスワードを入力することでファイルを削除できます。システムで保護されているファイルの可能性もあるので、削除には注意が必要です。

● <続行>をクリックする

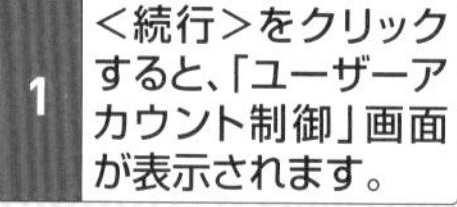

2 管理者のパスワードを入力し、

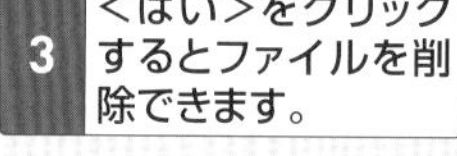

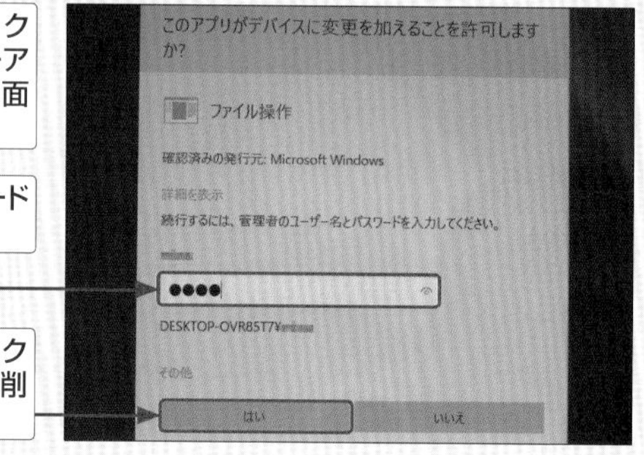

● <スキップ>または<キャンセル>をクリックする

1 <スキップ>または<キャンセル>をクリックすると、ファイルは削除されずに残ります。

アプリがデバイスに変更を加えることを許可しますか?

対策 管理者のパスワードを入力して実行します。

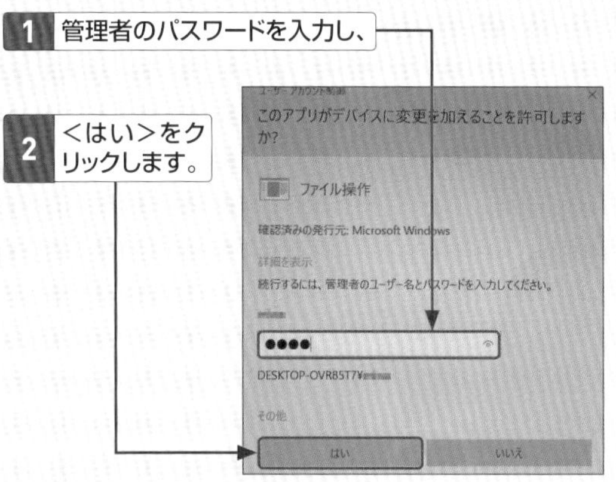

アプリのインストールや更新などでウィンドウズの設定変更を行うときに表示されます。管理者のパスワードを入力し、＜はい＞をクリックすると実行することができます。

○○からのポップアップをブロックしました

対策 必要に応じてポップアップの表示許可を選択します。

画像などのダウンロード時、Edgeのポップアップブロック機能が表示されることがあります。＜×＞で中断するか、＜一度のみ許可＞または＜常に許可＞でダウンロードするかどうかを選択しましょう。

索 引

数字

アルファベット

あ 行

か 行

さ 行

た・な 行

は 行

ま 行

や・ら・わ 行

■ お問い合わせの例

> **FAX**
>
> 1 お名前
> 技評　太郎
>
> 2 返信先の住所またはFAX番号
> 03-××××-××××
>
> 3 書名
> 今すぐ使えるかんたんmini
> パソコンで困ったときの
> 解決&便利技
> [ウィンドウズ10対応][改訂2版]
>
> 4 本書の該当ページ
> 114ページ
>
> 5 ご使用のOSとブラウザーのバージョン
> Windows 10 Pro
> Microsoft Edge
>
> 6 ご質問内容
> ファイルがダウンロードできない

今すぐ使えるかんたんmini
パソコンで困ったときの
解決&便利技[ウィンドウズ10対応][改訂2版]

2017年1月25日　初　版　第1刷発行
2020年2月1日　第2版　第1刷発行

著者●リブロワークス
発行者●片岡 巌
発行所●株式会社 技術評論社
東京都新宿区市谷左内町21-13
電話：03-3513-6150 販売促進部
03-3513-6160 書籍編集部
装丁●田邉 恵里香
本文デザイン●リブロワークス
カバーイラスト●イラスト工房(株式会社アット)
編集／DTP●リブロワークス
担当●伊東健太郎
製本／印刷●図書印刷株式会社

定価はカバーに表示してあります。

ISBN978-4-297-11067-3 C3055

Printed in Japan

お問い合わせについて

本書に関するご質問については、本書に記載されている内容に関するもののみとさせていただきます。本書の内容と関係のないご質問につきましては、一切お答えできませんので、あらかじめご了承ください。また、電話でのご質問は受け付けておりませんので、必ずFAXか書面にて下記までお送りください。
なお、ご質問の際には、必ず以下の項目を明記していただきますよう、お願いいたします。

1 お名前
2 返信先の住所またはFAX番号
3 書名
今すぐ使えるかんたんmini
パソコンで困ったときの
解決&便利技
[ウィンドウズ10対応][改訂2版]
4 本書の該当ページ
5 ご使用のOSとブラウザーのバージョン
6 ご質問内容

なお、お送りいただいたご質問には、できる限り迅速にお答えできるよう努力いたしておりますが、場合によってはお答えするまでに時間がかかることがあります。また、回答の期日をご指定なさっても、ご希望にお応えできるとは限りません。あらかじめご了承くださいますよう、お願いいたします。
ご質問の際に記載いただきました個人情報は、回答後速やかに破棄させていただきます。

問い合わせ先

〒162-0846
東京都新宿区市谷左内町21-13
株式会社技術評論社　書籍編集部
「今すぐ使えるかんたんmini
パソコンで困ったときの
解決&便利技
[ウィンドウズ10対応][改訂2版]」質問係
FAX番号　03-3513-6167

URL：https://gihyo.jp/book/116